WTB

Wissenschaftliche Taschenbücher

Biologie

Dieter Leuschner

Thermodynamik in der Biologie

Akademie-Verlag Berlin

WTB

BAND 302

Dieter Leuschner

Thermodynamik in der Biologie

— Eine Einführung —

Mit 50 Abbildungen und 19 Tabellen

AKADEMIE-VERLAG BERLIN

Reihe BIOLOGIE

Verantwortlicher Herausgeber dieses Bandes:

Prof. Dr. E. Hofmann

Verfasser:

Dr. rer. nat. Dieter Leuschner

Dresden

ISBN 3-05-500487-6
ISSN 0084-0963

1989
Erschienen im Akademie-Verlag Berlin,
Leipziger Straße 3—4, Berlin, DDR-1086

Lizenznummer: 202 · 100/449/89
Printed in the German Democratic Republic
Gesamtherstellung: VEB Druckhaus „Maxim Gorki“,
Altenburg, DDR-7400
LSV 1314
Bestellnummer: 763 818 3 (7302)
01600

Geleitwort

Die Biologie ist in den letzten Jahrzehnten von der physikalischen Chemie erschlossen worden. Diese Feststellung mag zunächst banal klingen. Belebte Materie ist eben auch chemische Materie, und als solche unterliegt sie den Gesetzen der physikalischen Chemie, wie der Thermodynamik oder der chemischen Kinetik. Wo immer der biologische Prozeß durch ein physikalisches Modell erklärt wird, läßt sich dahinter ein physikalisch-chemisches „Apparätchen" — die englischen Ausdrücke „gadget" oder „gimmik" sind dafür wohl treffender — ausmachen. Doch ist es in den letzten Jahren dabei allein nicht geblieben. Auch da, wo es um typisch biologische Fragestellungen zu gehen scheint, Fragestellungen, die das Prinzip „Leben" betreffen und somit der Physik und Chemie der unbelebten Materie fremd sind, vermag heute die physikalische Chemie ein fundamentales Verständnis zu vermitteln.

Was ist damit gemeint?

Natürlich vermag uns die Physik oder irgend eine andere wissenschaftliche Disziplin nicht zu sagen, warum die Welt so ist, wie sie ist, und nicht anders. Wir wissen nicht, warum die Naturgesetze so beschaffen sind, wie es Newton, Einstein, Heisenberg und andere ergründeten. Aber es stellt sich immer mehr heraus, daß es sich um einheitliche fundamentale Gesetze handelt, Gesetze, die die Erscheinungen des Lebens nicht ausklammern. Die Komplexität der Randbedingungen eines typischen Nicht-Gleichgewichtssystems, wie es jedes Lebewesen darstellt, hatte diesen Zugang der Physik zu den Lebenserscheinungen für lange Zeit verbaut. Heute können solche Gesetzmäßigkeiten formuliert werden, indem man von der komplexen Realität abstrahiert, indem man auf einfachere Randbedingungen projiziert und unter diesen im Laboratorium testet.

So lassen sich typisch biologische Begriffe wie Selektion, Evolution, Differenzierung und Morphogenese, Gedächtnis und Lernen auf einen gemeinsamen physikalischen Nenner bringen.

In dieser Situation ist es wichtig, daß wir unsere Lehrbücher umschreiben, daß wir die neuen Einsichten der Nicht-Gleichgewichtsphysik integrieren und daß wir auf ihre Anwendungsmöglichkeiten in der Biologie hinweisen und diese in Vorlesungen, Seminare und Übungen einbeziehen. Das vorliegende Lehrbuch von DIETER LEUSCHNER hat sich dies zur Aufgabe gesetzt. Ich wünsche dem Werk einen großen Leserkreis und dem Autor die Erfüllung seiner Zielvorstellung.

Göttingen, Januar 1988 MANFRED EIGEN

Vorwort

„Das Vorwort, obwohl selten gelesen, erfüllt die subjektiv wichtige Aufgabe, dem Autor für alle Fälle ein Alibi in der einen oder anderen Hinsicht zu verschaffen. Hier kann er zu verstehen geben, wie schwierig seine Aufgabe und wie klar bewußt ihm die Gefahr ist, die gesteckten Ziele zu verfehlen, um so seinen Kritikern den Wind aus den Segeln zu nehmen. Da das aber meist doch nichts nützt, möchte ich hier nichts weiter als wünschen, meinen Lesern einige unterhaltsame Stunden zu verschaffen und ihnen auf dem Umweg über die Behandlung eines aktuellen wissenschaftlichen Themas ein Gefühl dafür vermitteln zu können, daß wir bereits Zeugen einer neuen, überraschenden Erweiterung unseres Weltbildes sind, ohne es noch recht zu merken ..." (W. Weidel 1957)

Es bei diesem Zitat zu belassen, hieße, ein sachlich mehr oder weniger zutreffendes, aber unvollständiges Vorwort zu der vorliegenden Einführung in die „Thermodynamik in der Biologie" geschrieben zu haben, in ein Gebiet, dessen Tradition schon im Jahre 1721 in Versen des Hamburger Senators B. H. Brockes nachweisbar ist: „Liebstes Vieh, da ich hier stehe / Und wie man dich melke, sehe / Fällt mir bei / Auf was für Weise es möglich sei, / Daß in dir das Gras für mich / Auf so wundersame Weise / So zum Trunk als auch zur Speise / Zubereitet werd und sich / Als in lebendigen Öfen / Gleichsam selber destilliere ..." Gegen den Vorwurf, bei diesem Thema nur Essen und Trinken zu sehen, sei im Hinblick auf das aktuelle, weltweite Energie- und Ernährungsproblem beispielsweise erwähnt, daß kein Geringerer als der amerikanische Physiker Benjamin Thompson (Graf Rumford, 1753–1814), der auch den nach ihm benannten, Brennholz sparenden und bzgl. der Wärmebereitstellung regulierbaren Herd erfunden hat, ein hinsichtlich ernährungswissenschaftlicher Kriterien optimiertes Gericht, die sogenannte Rumford-Suppe, schuf.

In welchem Grade bei der Entstehung jedes Buchs die Erwägungen G. E. Lessings 1753 eine Rolle spielen, bleibe dahingestellt: „Meine Freunde – es versteht sich, daß meine Eigenliebe mit darunter gehört – wollen mich bereden, daß einige Bogen von mir den Beyfall der Kenner erlangt hätten. Daß ich es glaube, weil ich meine Rechnung dabei finde, ist natürlich. Und daß ich mich itzt der Gefahr aussetze, dasjenige alphabetweise zu verlieren, was ich bogenweise gewonnen habe, ist zwar auch natürlich, ob es aber ebensogar klug sey, das ist eine andere Frage ..." Der

Grund für das Schreiben des vorliegenden Buches war hauptsächlich das Fehlen einer Einführung in die „thermodynamische Biologie“ mit breitem Beispielsspektrum. Das Buch ist in Weiterführung meines WTB „Grundbegriffe der Thermodynamik“ 1979 (bevor ein anderes dickes Werk verwendet wird, zum Nachschlagen empfohlen) und unter Benutzung eines Vorlesungsmanuskripts zur „Thermodynamik in der Biotechnologie“ entstanden. Das Ziel des Buchs kann auf Grund des knapp bemessenen Raums, der weder eine ausführliche Darstellung der zugrunde liegenden Physik noch des verwendeten mathematischen Apparats und weder ein tieferes Eingehen auf die biologischen Fakten noch auf die anspruchsvolle Biochemie gestattete, nur eine erste Anregung für den am Problemkreis Interessierten sein. Das Buch ist also kein Review über die letzten beiden Jahre Forschung auf diesem Gebiet. Wer an dieser oder jener Stelle mehr ins Detail eindringen will, darf die umfangreiche, aber doch nur einer begrenzten subjektiven (für einen einzelnen wird das Gebiet ohnehin immer weniger überschaubar) Auswahl entsprechende, zitierte Literatur nicht nur als bloßes Beiwerk ansehen. Das angesprochene subjektive Moment ließ sich im Zusammenhang mit dem zur Verfügung stehenden Platz auch bei der Wahl der behandelten Einzelprobleme, der Art ihrer Darstellung und der Systematisierung insgesamt nicht vermeiden. Mehr als der Leser bedauert es der Autor, wenn manches überhaupt nicht erwähnt werden konnte. Die Entscheidung zwischen mathematischer und verbaler Darstellung wurde von Aspekten des Raumbedarfs, des Erkenntnisstands, der Verständlichkeit, von Erwägungen zur induktiven bzw. deduktiven didaktischen Methodik usw. beeinflußt. Letztlich ließen sich bei der Einteilung des Stoffs in Teile und Kapitel gewisse Überschneidungen nicht vermeiden.

Mein Dank für Förderung während der Entstehung dieses Buchs gilt hauptsächlich wieder jenen, die ich aus gleichem Anlaß schon 1979 genannt habe: M. Eigen, P. Paufler, I. Prigogine, A. I. Zotin. Besonders danken möchte ich Frau U. Heilmann für kreative und erquickliche Zusammenarbeit mit dem Verlag und F. Walden, F. Schenke und J. Gerlach für die Unterstützung bei der Testung der Computerprogramme.

Das anfängliche Zitat aufgreifend, als letztes noch ein Wunsch. Kosmos bedeutet soviel wie Schmuck der Ordnung. Der Bios ist ein Teil des Kosmos. Möge das Lesen dieser den Bios betreffenden Thermodynamik etwas von (menschlicher) Wärme für Schönheit und Ordnung derselben vermitteln, wobei sowohl das Wort des expressionistischen Malers August Macke „Bei mir ist Arbeiten ein Durchfreuen der Natur“ als auch der gerade angesichts der im vollen Fluß befindlichen Forschung zur Thermodynamik in der Biologie gültige Satz von Stefan Zweig „Wie kann man in der ganzen wundervollen Ungewißheit und Vieldeutigkeit des Daseins stehen und nicht fragen, nicht zittern vor Begierde und Lust des Fragens?“ nachempfunden werden können, vielleicht so, daß die, die der Thermodynamik bisher mit einer gewissen Scheu ausgewichen sind, sich jetzt zu ihr hingezogen fühlen, die, die sie kennen, einen weiteren Aspekt ihrer

Anwendung nahegebracht bekommen und die, die die Thermodynamik in der Biologie als ihr Metier betrachten, Verständnis dafür haben mögen, daß ich diese anders dargestellt habe als sie es getan hätten. Bei einem so „offenen“ Thema wie dem hier behandelten scheint mir die in ähnlichem Zusammenhang zu findende Bemerkung von I. M. KLOTZ zu des Autors im Vergleich zum Kritiker höherer Offenbarung inadäquat. Im Gegenteil bitte ich die Leser, mich auf mögliche Besserungen hinzuweisen.

Dresden, Januar 1988 DIETER LEUSCHNER

Inhaltsverzeichnis

1. Einleitung: Physikalische Grundlagen

Bezeichnet man die innere Energie mit E und die Entropie mit S, so läßt sich der Inhalt der Thermodynamik in mathematischer Form durch zwei Existenzaxiome (das Symbol $\exists$ bedeutet „es existiert") zusammenfassen:

$$\exists E \text{ und } \exists S. \tag{1.1}$$

Diese Kurzfassung (Leuschner 79) möchte gleich zu Beginn darauf hinweisen, daß eine mathematische Darstellung die „Thermodynamik in der Biologie" leichter und nicht schwieriger macht.

In diesem Sinne wird im folgenden die abstrakte und allgemeine Formulierung der beiden Hauptsätze der Thermodynamik in (1.1) durch konkrete Nebensätze über Größen, Maßeinheiten, Systeme, Prozesse und dabei gültige Gesetzmäßigkeiten erläutert.

1.1. Größen und Maßeinheiten

Die physikalische Größe Länge $l = 5$ m ist das Produkt aus Maßzahl $\{l\} = 5$ und Maßeinheit $[l] =$ m. Analoges gilt für alle physikalischen Größen. Das thermische Vierersystem besteht aus den drei mechanischen Grundgrößen l, t, m und der thermischen Grundgröße T. In Tab. 1.1 sind die sieben Grundgrößen der Physik und einige für die Thermodynamik bedeutsame abgeleitete Größen aufgeführt (Bender 1975, Förster 1976, Leuschner 1974/79, Leuschner, Schulze 1977, Oberdorfer 1969). Für Druck und Energie seien Beziehungen zu anderen (älteren) Maßeinheiten angegeben: 1 Pa $= 10^{-1}$ Bar $= 10{,}197 \cdot 10^{-6}$ at $= 7{,}5005 \cdot 10^{-3}$ Torr; 1 J $= 10^{7}$ erg $= 0{,}239$ Kalorien (cal) $= 0{,}102$ Kilopondmeter (kpm) $= 6{,}24 \cdot 10^{18}$ Elektronenvolt (eV) $= 9{,}88 \cdot 10^{-3}$ Literatmosphäre (lat). Arbeit A und Wärmemenge Q sind gemäß (1.15) Energieformen. Das Verständnis der Größe p stößt, auch bei biologischen Anwendungen, mitunter auf Schwierigkeiten. Eine

Tabelle 1.1.
Grundgrößen, abgeleitete Größen und Maßeinheiten des Internationalen Maßsystems

Grundgröße	Symbol	Maßeinheit	Abkürzung	Definition
Länge	l	Meter	m	
Zeit	t	Sekunde	s	
Masse	m	Kilogramm	kg	
Stoffmenge	n	Mol	mol	
elektr. Strom	I	Ampere	A	
thermodyn. Temperatur	T	Kelvin	K	
abgeleitete Größe				
Kraft	F	Newton	N	
Druck	p	Pascal	Pa	$\mathrm{N\,m^{-2}}$
Arbeit	A	Joule	J	N m
Leistung	P	Watt	W	$\mathrm{J\,s^{-1}}$
Wärmemenge	Q	Joule	J	N m
Entropie	S	Joule · Kelvin^{-1}		$\mathrm{J\,K^{-1}}$

Umfrage zur Funktion des Blutdruckmeßgerätes mit Stetoskop zeigte dies beispielsweise. Der Druck ist die Kraft, die senkrecht auf eine Fläche wirkt, dividiert durch diese Fläche. Der Druck hat in einem Fluid (Gas und Flüssigkeit) in jeder Richtung den gleichen Wert. — Die molare Masse M ist mittels

$$M = \frac{m}{n} \tag{1.2a}$$

definiert und beträgt für das Kohlenstoffisotop ^{12}C $M = 12\ \mathrm{g\,mol^{-1}}$. Ein Mol einer Substanz beinhaltet die durch die Avogadro-Konstante (auch Loschmidt-Konstante)

$$L = 6{,}023 \cdot 10^{23}\ \mathrm{mol^{-1}} \tag{1.2b}$$

gegebene Teilchenzahl, so daß allgemein gilt:

$$N = n \cdot L \tag{1.2c}$$

mit N als der Teilchenzahl, die in der Stoffmenge n enthalten ist.

Für eine Komponente k (vgl. 1.2.) lassen sich verschiedene

Konzentrationsmaße angeben (LEUSCHNER 79). Hier sei die Massenkonzentration oder Dichte angeführt:

$$\varrho_k = \frac{m_k}{V} \tag{1.3}$$

mit m_k = Masse der Komponente k, V = Volumen des Systems. Für die Molarität gilt:

$$c_k = \frac{n_k}{V} \tag{1.3a}$$

mit n_k = Anzahl der Mole der Komponente k. Häufig wird das Symbol c_k auch für die Massenkonzentration benutzt.

1.2. Definitionen

Ein abgegrenzter Teil der Welt wird als thermodynamisches System (z. B. Substanzen, Strahlung und Meßapparaturen; auch ein Organismus) bezeichnet, der Rest als Umgebung (LEUSCHNER 79). Die chemisch unterschiedlichen Stoffe eines Systems heißen Komponenten (Index k). Physikalisch homogene (dabei sind z. B. Dichtegradienten zulässig) Gebiete eines Systems heißen Phasen (Index f). Systeme aus mehreren Phasen heißen heterogen. Eine wäßrige Saccharoselösung, über der sich Wasserdampf befindet, besteht aus zwei Phasen (flüssige Lösung, Wasserdampf) und zwei Komponenten (Wasser, Saccharose). Hinsichtlich ihrer Wechselwirkung mit der Umgebung unterteilt man die Systeme in offene (Energie- und Stoffaustausch), geschlossene (Energieaustausch), adiabatische (Energieaustausch, aber nicht in Form von Wärme), isolierte (kein Austausch mit der Umgebung). Lebende Systeme sind immer offene Systeme. Jedoch lassen sich eine ganze Reihe von Untersuchungen an biologischen Systemen mit brauchbaren Ergebnissen durchführen, wenn die Systeme als geschlossen oder isoliert angenähert werden.

Der thermodynamische Zustand eines Systems wird durch Zustandsgrößen V, p, T usw. charakterisiert. Diese können extensiv, d. h. der Masse des Systems proportional (z. B. V, E, S), oder intensiv sein (z. B. p, T). Für extensive Größen können Bilanzgleichungen gelten:

$$\mathrm{d}G = \text{đ}_i G + \text{đ}_a G, \tag{1.4}$$

d. h., die gesamte Änderung der extensiven Zustandsgröße G ergibt sich aus der Änderung $đ_i G$ im Inneren des Systems und aus der Zufuhr $đ_a G$ von außen. Der Querstrich im Differentialzeichen đ weist darauf hin, daß es sich nicht um ein totales Differential handelt.

Bei thermodynamischen Systemen unterscheidet man den Gleichgewichtszustand, in dem keine makroskopischen Prozesse mehr ablaufen können, von den Nichtgleichgewichtszuständen (Fließgleichgewicht in Gleichgewichtsnähe oder in Gleichgewichtsferne, instationäres Nichtgleichgewicht). Alle Prozesse, die in der Natur ablaufen, sind irreversibel, d. h., sie lassen sich nicht umkehren, ohne daß Veränderungen in der Umgebung hinterlassen werden (Thermodynamik der irreversiblen Prozesse). Reversible oder umkehrbare Prozesse sind (gedankliche) Grenzfälle, die für Berechnungen von großer Bedeutung sind und eigentlich eine Folge von Gleichgewichtszuständen darstellen (Gleichgewichtsthermodynamik). Annäherungen für reversible Prozesse sind z. B. in der Natur die Planetenbewegung und im Gedankenexperiment unendlich langsame, sogenannte quasistatische Vorgänge. Es gibt noch weitere Unterscheidungsmöglichkeiten für Prozesse, von denen nur die für die Biologie besonders wichtigen isotherm-isobaren bei konstanter Temperatur und konstantem Druck und die isochoren bei konstantem Volumen (z. B. Autoklav zur Sterilisation) erwähnt seien.

Zwischen Zustandsgrößen gelten empirische Beziehungen, *Zustandsgleichungen* der Form

$$V = V(p, T, n_k). \tag{1.5}$$

Als Beispiel sei die des idealen Gases genannt:

$$V = \frac{n\bar{r}T}{p} \tag{1.6}$$

mit

$$\bar{r} = 8{,}315\ \mathrm{JK^{-1}\,mol^{-1}} \tag{1.6a}$$

als universelle Gaskonstante. Es ist die auf das Mol bezogene Gaskonstante. Für eine infinitesimale Volumenänderung $\mathrm{d}V$ ergibt sich aus (1.6):

$$\mathrm{d}V = \frac{n\bar{r}}{p}\,\mathrm{d}T - \frac{n\bar{r}T}{p^2}\,\mathrm{d}p. \tag{1.7}$$

Für die thermodynamische Arbeit gilt im Falle reiner Volumenarbeit

$$đA = -p\,\mathrm{d}V. \tag{1.8}$$

Es liegt kein totales Differential vor, d. h., die Arbeit ist keine Zustandsgröße, sondern sie hängt vom Weg aus dem Anfangszustand in den Endzustand ab. Das negative Vorzeichen sorgt dafür, daß für das System $đA > 0$ gilt, wenn das Volumen verkleinert wird. Für $\mathrm{d}V < 0$ liegt also für das System ein „Gewinn" vor. — Für die Arbeit beim diffusiven (vgl. 2.1.1.2.2.3.) Transport der Komponente k gilt

$$đA = \bar{\mu}_k\,\mathrm{d}n_k. \tag{1.9a}$$

Bei einer chemischen Reaktion ergibt sich speziell

$$đA = -\mathcal{A}\,\mathrm{d}\xi \tag{1.9}$$

mit der Affinität

$$\mathcal{A} = -\sum_{k=1}^{K} \bar{\mu}_k \nu_k \tag{1.10}$$

und

$$\mathrm{d}n_k = \nu_k\,\mathrm{d}\xi. \tag{1.11}$$

Dabei sind $\bar{\mu}_k$ das chemische Potential oder die partielle molare freie Enthalpie (vgl. (1.36)), ν_k der stöchiometrische Koeffizient der Komponente k (bei der für die biologische Energetik wichtigen Knallgasreaktion $2\,H_2 + O_2 \rightarrow 2\,H_2O$ gilt $\nu_{H_2} = -2$, $\nu_{O_2} = -1$, $\nu_{H_2O} = 2$), ξ die zwischen 0 (keine chemische Umsetzung) und 1 (vollständige Umsetzung) variierende Reaktionslaufzahl. Zur chemischen Thermodynamik vgl. auch Möbius, Dürselen 1973, Münster 1969, Prigogine, Defay 1962, Wagner 1968. — Für die Arbeit beim diffusiven Stofftransport mehrerer Komponenten gilt

$$đA = -\sum_{k=1}^{K} \bar{\mu}_k\,\mathrm{d}n_k, \tag{1.11a}$$

wobei K die Zahl der Komponenten ist.

1.3. Thermodynamische Hauptsätze und Prinzipien

Im folgenden werden zusätzlich zum ersten und zweiten Hauptsatz (1. HS und 2. HS) sowohl der nullte Hauptsatz (0. HS) als auch weitere wichtige thermodynamische Prinzipien besprochen.

1.3.1. *Nullter Hauptsatz*

Der nullte HS besagt, daß es eine empirische Temperatur ϑ gibt. Die mit 0 °C als Eispunkt und 100 °C als Siedepunkt des Wassers willkürlich festgelegte Celsius-Skala ist ein Beispiel dafür. Einem System kann ein ϑ-Wert zugeordnet werden. Von zwei Systemen kann gesagt werden, welches den größeren ϑ-Wert besitzt. Wenn beide miteinander in Kontakt gebracht werden, nehmen sie denselben ϑ-Wert an. Darauf beruht beispielsweise die obligatorische morgendliche Körpertemperaturmessung der Patienten eines Krankenhauses genauso wie der Temperaturangleich poikilothermer Organismen an die Umgebung. Analoges gilt für homöotherme Organismen, wenn die Temperaturregulation wirkungslos wird (Erfrierungstote im Winter 1986/87).

Die Temperatur ist eine Zustandsgröße: Der Weg, ein System von einer bestimmten Temperatur auf eine andere zu bringen, ist gleichgültig. Kalte Hände werden warm, wenn man sie an den Ofen hält oder durch Reiben. — Wird ein Thermometer verwendet, das die Volumenausdehnung des idealen Gases zur Temperaturmessung benutzt, so ergibt sich die empirische KELVIN- oder absolute Temperatur T. Es gilt für die Maßzahlen:

$$\{T\} = \{\vartheta\} + 273{,}16\,. \tag{1.12}$$

Für den Zusammenhang zwischen der Wärmemenge dQ, die einem System mit der Masse m und der spezifischen Wärmekapazität c zur Erhöhung seiner Temperatur um dT zugeführt werden muß, gilt:

$$đQ = mc\,\mathrm{d}T \tag{1.13}$$

bzw. für endliche Temperaturdifferenzen ($T_1 > T_2$)

$$Q = mc(T_1 - T_2)\,. \tag{1.14}$$

Die Gln. (1.13) und (1.14) sind die Grundgleichungen der Kalorimetrie. Q ist keine Zustandsgröße.

1.3.2. *Erster Hauptsatz*

Der 1. HS, auch Energie- oder Energieerhaltungssatz genannt, sagt aus, daß für ein beliebiges thermodynamisches System die innere Energie E existiert. Deren Änderung ergibt sich für ein geschlossenes System aus der Summe von Arbeit $đA$ und Wärmemenge $đQ$:

$$\mathrm{d}E = đA + đQ. \tag{1.15}$$

Es handelt sich gemäß (1.4) exakt um $\mathrm{d}E = đ_aE + đ_iE = đ_aE$ wegen $đ_iE = 0$ als der eigentlichen Aussage des 1. HS: *Die innere Energie eines Systems kann sich nicht von selbst ändern*, nur durch negative oder positive Zufuhren von außen. Werden dem System Arbeit und Wärme zugeführt, sollen $đA$ und $đQ$ positiv gerechnet werden, d. h., $đA > 0$ und $đQ > 0$. Die innere Energie ist für alle Systeme eine Zustandsgröße, die unter anderem von der Temperatur abhängt. Für ideale Gase hängt sie nur von der Temperatur ab: $E = E(T)$. — Für endliche Größen lautet der erste HS

$$\Delta E = Q + A. \tag{1.16}$$

Auch hier bezieht sich die Umwandlung der einzelnen Energieformen ineinander auf ein geschlossenes System. Für ein offenes System sind noch Energieanteile zu berücksichtigen, die durch Stofftransport bewirkt werden. — Für die isotherme Ausdehnung (T = konstant) des idealen Gases gilt wegen $E = E(T)$, daß $\Delta E = 0$. Aus (1.16) folgt deshalb

$$Q + A = 0. \tag{1.17}$$

Die gesamte zugeführte Wärme wird in Arbeit umgewandelt. Für A ergibt sich mit (1.6) und (1.8)

$$A = -\int_{V_1}^{V_2} p\,\mathrm{d}V = -\int_{V_1}^{V_2} n\bar{r}T\,\frac{\mathrm{d}V}{V} = -n\bar{r}T\ln\frac{V_2}{V_1}. \tag{1.18}$$

Dieser Spezialfall des 1. HS für ein geschlossenes, rein physikalisches System wird durch eine historische Bemerkung bzgl. eines biologischen Systems ergänzt. ROBERT MAYER ist zur Aufstellung des Energiesatzes durch einen biochemischen Vorgang angeregt worden: Als Arzt in den Tropen schloß er aus der Blutfarbe eines Patienten unter Vernachlässigung von dessen individueller Arbeitsleistung auf einen geringeren Sauerstoffverbrauch zur Aufrechterhaltung der Körpertemperatur in dieser wärmeren klimatischen Zone (PRIGOGINE, STENGERS 1981). Die Verbrennung von Sauerstoff und die Freisetzung von Wärme und Muskelarbeit wurden als quantitativ äquivalent betrachtet. Seitdem sind außer der Physiologie der Atmung eine Reihe weitere Phänomene auf die

Gültigkeit des 1. HS getestet worden (vgl. 3.2.2.). – Zum Abschluß ein Zitat von WILHELM BUSCH, das die Umwandlung von mechanischer Energie in Wärme am „biologischen Objekt" schildert und mit dem Reim schließt: „Ohrfeige heißt man diese Handlung, der Forscher nennt es Kraftverwandlung." Kraft steht hier für Energie (vgl. das Zitat von JOULE in 1.3.3. und SOMMERFELD 1955, S. 17).

1.3.3. Zweiter Hauptsatz

Nach (1.4) gilt für ein beliebiges thermodynamisches System

$$\mathrm{d}S = đ_a S + đ_i S, \tag{1.19}$$

und die Aussage des 2. HS ist, daß die Zustandsgröße Entropie S existiert, mit der Eigenschaft

$$đ_i S \geqq 0. \tag{1.20}$$

Wird die Entropieproduktion mit $P = \frac{đ_i S}{\mathrm{d}t}$ bezeichnet, so gilt also

$$P \geqq 0. \tag{1.21}$$

Das Gleichheitszeichen gilt für reversible Prozesse und das Ungleichheitszeichen für irreversible Prozesse. *Bei allen natürlichen Prozessen kann die Entropie eines Systems nur wachsen.* Wird in einem System eine Entropieerniedrigung verzeichnet, so findet an irgendeiner Stelle der Umgebung eine ausgleichende, betragsmäßig mindestens ebenso große Entropieerhöhung statt.

Da es zur Messung der Entropie kein dem Thermometer analog einfach handhabbares Meßinstrument gibt, kann man dieser Größe wie auch anderen Sachverhalten in der Thermodynamik ihre Abstraktheit nur durch Gewöhnung nehmen. In diesem Sinne sind die folgenden Beispiele zu verstehen. – In (1.8) war die Volumenarbeit auf Grund der mechanischen Arbeitsdefinition „Kraft mal Weg" durch das Produkt aus der intensiven Größe Druck p und der Änderung der extensiven Größe Volumen V angegeben. Sucht man nach einem ähnlichen Produkt für die Wärmemenge $đQ$, die nach (1.15) ebenfalls eine Energieform ist, so ergibt sich

$$đQ = T\, đ_a S, \tag{1.22}$$

wenn analog dem Druck hier die Temperatur T als intensive Größe verwendet wird. Die Änderung $đ_a S$ der extensiven Größe stellt aber gerade den in (1.19) angegebenen, dem System von außen zugeführten Entropiebeitrag dar.

Mittels (1.22) wird analog der Anwendung des 1. HS in (1.17) und (1.18) am Beispiel des idealen Gases auch eine solche des 2. HS demonstriert: Die irreversible Expansion des idealen Gases liefert eine Entropieänderung ΔS, die mit Hilfe eines reversiblen Ersatzprozesses berechnet werden kann. Dies ist möglich, weil S eine Zustandsgröße ist, d. h., ΔS ist unabhängig vom Weg aus einem Zustand in den anderen, also unabhängig von der Prozeßführung. Reversibler und irreversibler Prozeß ergeben das gleiche Ergebnis. Im Falle des reversiblen Prozesses ist nach (1.20) $\text{đ}_i S = 0$. Es gilt mit (1.19) und (1.22)

$$\mathrm{d}S = \text{đ}_a S = \frac{\text{đ}Q}{T}. \tag{1.23}$$

Findet ein irreversibler Prozeß statt, so gilt natürlich $\text{đ}_i S \neq 0$, und es wird

$$\mathrm{d}S > \text{đ}Q/T. \tag{1.23a}$$

Wird nun als reversibler Prozeß die isotherme Expansion aus (1.17) und (1.18) benutzt, so ergibt sich aus (1.15) wegen $\mathrm{d}E = 0$ (ideales Gas und $\mathrm{d}T = 0$)

$$\text{đ}Q + \text{đ}A = 0 \tag{1.24}$$

oder mit (1.8) und (1.6)

$$\text{đ}Q = -\text{đ}A = p\,\mathrm{d}V = \frac{n\bar{r}T}{V}\,\mathrm{d}V. \tag{1.25}$$

Damit wird mit (1.23) und (1.25)

$$S = S_2 - S_1 = \int_{V_1}^{V_2} \mathrm{d}S = \int_{V_1}^{V_2} \frac{\text{đ}Q}{T} = n\bar{r} \int_{V_1}^{V_2} \frac{\mathrm{d}V}{V}$$

$$= n\bar{r} \ln \frac{V_2}{V_1}. \tag{1.26}$$

Diese Entropieänderung ist z. B. auch die Grundlage für die Speicherung von „Energie" in einer Druckluftflasche. In Wirklichkeit wird also Entropie, d. h. freie Enthalpie (vgl. (1.29)), gespeichert.

Analog dem 1. HS soll noch eine geschichtliche Bemerkung zum 2. HS stehen. Während die Wurzeln für das Auffinden des 1. HS biologische Phänomene waren und er zuerst von zwei Ärzten (1840: J. R. MAYER und 1847: H. HELMHOLTZ) und einem Bierbrauer (1843: J. P. JOULE; erwähnenswert nicht nur weil JOULE der heute so bedeutsamen Biotechnologie berufsmäßig nahestand, sondern weil ihm ebenfalls die Erscheinungen des Lebens im Zusammenhang mit dem 1. HS von gleichrangiger Bedeutung waren wie andere Phänomene: „In der Tat bestehen die Naturphänomene, seien es mechanische, chemische oder solche des Lebens, nahezu gänzlich in einer beständigen wechselseitigen Umwandlung von Anziehung durch den Raum lebendiger Kraft (Anm. d. A.: kinetische Energie) und Wärme.", zitiert nach PRIGOGINE, STENGERS 1981) formuliert wurde, ist der Ausgangspunkt für die Aufstellung des 2. HS in den physikalischen Vorgängen einer technischen Apparatur, der Dampfmaschine, zu suchen. Der 2. HS wurde von einem Ingenieur erkannt (CARNOT 1824), konnte aber nicht in der Form (1.19) und (1.20) dargestellt werden, da CLAUSIUS die Größe Entropie erst später einführte. Die Formulierung im CARNOTschen Sinne lautet: Wärme läßt sich bei natürlichen (irreversiblen) Vorgängen nicht vollständig in Arbeit umwandeln. Eine quantitative Form erhält diese Aussage durch die Benutzung des sogenannten CARNOTschen Kreisprozesses und die Einführung des Wirkungsgrades η als Verhältnis von Nutzarbeit zu aufgewendeter Wärme:

$$\eta = \frac{T_2 - T_1}{T_2}. \tag{1.26a}$$

T_2 ist die Temperatur eines Wärmereservoirs, von dem Wärme mittels eines Arbeit leistenden CARNOT-Systems auf ein zweites Wärmereservoir mit der Temperatur T_1 $(T_1 < T_2)$ übertragen wird. Der 2. HS heißt dann: Es gibt kein thermodynamisches System mit einem größeren Wirkungsgrad als dem des adäquaten CARNOT-Systems (vgl. LEUSCHNER 79).

Der 2. HS ist also früher aufgestellt worden als der 1. HS. Seine Gültigkeit für das biologische Geschehen unterlag im vergangenen Jahrhundert verschiedentlich Zweifeln (beispielsweise Lord KELVIN) und wurde zum ersten Mal von SCHRÖDINGER 1944 exakt ausgedrückt. Die Entropieproduktion im Inneren eines Organismus wird durch Entropieexport, d. h. mit Hilfe der Aufnahme von hochstrukturierten (niedrigentropischen) Stoffen in

Form von Nahrung ausgeglichen. Wenn DES COUDRES im Jahre 1906 formulierte, daß der zweite HS „Der sicherste aller Erfahrungssätze, die wir kennen, sicherer als der Tod, denn der ist nur ein Spezialfall des zweiten Hauptsatzes.“ ist, so muß heute hinzugefügt werden, daß er auch insbesondere für die Entstehung und Aufrechterhaltung des Lebens verantwortlich ist.

Zum Abschluß sollen noch einige Ergänzungen als Folgerungen aus dem 0., 1. und 2. HS (vgl. LEUSCHNER 79) stehen. Zuerst die GIBBSsche Fundamentalgleichung für den Spezialfall eines Systems aus einer Phase mit K Komponenten, wobei Volumenarbeit (vgl. (1.8)) und „chemische“ Arbeit (Diffusion infolge eines Konzentrationsgradienten und chemische Reaktionen gemäß (1.9a) bis (1.11a)) berücksichtigt sind:

$$\mathrm{d}E = T\,\mathrm{d}S - p\,\mathrm{d}V + \sum_{k=1}^{K} \bar{\mu}_k\,\mathrm{d}n_k. \tag{1.27}$$

Daraus folgt

$$E = TS - pV + \sum_{k=1}^{K} \bar{\mu}_k n_k. \tag{1.28}$$

Es liegt keine Integration vor, sondern ein Übergang von einem infinitesimalen zu einem makroskopischen System, wobei sich die infinitesimalen extensiven Größen summieren. Auf der Basis von (1.28) lassen sich weitere thermodynamische Potentiale bilden. Das GIBBSsche Potential G (auch: freie Enthalpie oder freie Energie nach GIBBS) ist für auch in der Biologie häufig auftretende isobar-isotherme ($\mathrm{d}p = 0$, $\mathrm{d}T = 0$) Vorgänge am wichtigsten:

$$G = G(p, T, n_k) = E + pV - T\,\mathrm{d}S. \tag{1.29}$$

Man spricht von Potential deshalb, weil sich durch Differentiation aus dieser Größe die praktisch interessierenden, meßbaren thermodynamischen Größen ableiten lassen (vgl. z. B. (1.36)). Durch Bildung des Differentials von G (im folgenden werden die Anteile chemischer Arbeit nicht berücksichtigt, d. h. $\mathrm{d}n_k = 0$ in (1.27)) wird

$$\mathrm{d}G = \mathrm{d}E + V\,\mathrm{d}p + p\,\mathrm{d}V - S\,\mathrm{d}T - T\,\mathrm{d}S, \tag{1.30}$$

woraus mit $\mathrm{d}p = 0$, $\mathrm{d}T = 0$, (1.15) und der Annahme reiner Volumenarbeit nach (1.18) folgt:

$$\begin{aligned} \mathrm{d}G &= \mathrm{d}E + p\,\mathrm{d}V - T\,\mathrm{d}S = \mathrm{d}Q + \mathrm{d}A + p\,\mathrm{d}V - T\,\mathrm{d}S \\ &\leqq T\,\mathrm{d}S - p\,\mathrm{d}V + p\,\mathrm{d}V - T\,\mathrm{d}S = 0. \end{aligned} \tag{1.31}$$

Dabei wurde bzgl. des Ungleichheitszeichens für den Fall irreversibler Prozeßführung (1.23a) berücksichtigt. Die freie Enthalpie eines geschlossenen Systems kann also nur abnehmen:

$$dG \leqq 0. \tag{1.32}$$

Sie nimmt im Gleichgewicht ein Minimum an. Die Abnahme von G kann als die im Falle reversibler Prozeßführung maximal nach außen abgebbare Arbeit interpretiert werden (MÜNSTER 1969 l. c.).

Ferner wird aus (1.27) und (1.30) für $dp = 0$ und $dT = 0$

$$dG = \sum_{k=1}^{K} \bar{\mu}_k \, dn_k. \tag{1.33}$$

Analog (1.28) ergibt sich daraus

$$G = \sum_{k=1}^{K} \bar{\mu}_k n_k. \tag{1.34}$$

Es wird das totale Differential von G bei konstantem p und T gebildet:

$$dG = \sum_{k=1}^{K} \frac{\partial G}{\partial n_k} \, dn_k. \tag{1.35}$$

Aus dem Vergleich von (1.33) und (1.35) folgt dann

$$\bar{\mu}_k = \frac{\partial G}{\partial n_k}. \tag{1.36}$$

Bei der partiellen Ableitung wird p, T konstant gehalten. Auf analoge Weise kann man finden (LEUSCHNER 79)

$$V = \frac{\partial G}{\partial p}. \tag{1.36a}$$

Bei dieser partiellen Ableitung ist T, n_k konstant zu halten.

Für das chemische Potential des idealen Gases gilt:

$$\bar{\mu}_G = \mu_G{}^0 + \bar{r}T \ln \frac{p}{p_0}. \tag{1.37}$$

Dabei wird der Standardwert $\bar{\mu}_G{}^0$ meist bei $p_0 = 1$ bar $= 10^5$ Pa und $T = 298$ K verwendet. Alle thermodynamischen Potentiale außer S (vgl. 1.3.4.) sind nur bis auf eine Konstante bestimmt.

Für die Komponente k einer idealen Lösung gilt:

$$\bar{\mu}_k = \bar{\mu}_k{}^0 + \bar{r}T \ln \frac{c_k}{c_k{}^0}. \tag{1.38}$$

$\bar{\mu}_k{}^0$ = Standardwert bei $c_k{}^0 = 1 \text{ mol l}^{-1}$. Die Konzentration c_k wird analog (1.3) als Quotient aus Stoffmenge durch Volumen gebildet und heißt dann molare Dichte oder molare Konzentration oder einfach Molarität.

Für nichtideale (reale) Gase bzw. Lösungen sind Korrekturen wegen der Teilchenwechselwirkungen nötig: Statt der Drücke bzw. Konzentrationen stehen Fugazitäten bzw. Aktivitäten. Diese Größen sind immer kleiner als die Drücke bzw. Konzentrationen und charakterisieren die Abweichung vom idealen Zustand ohne Wechselwirkung.

1.3.4. Nernstsches *Wärmetheorem*

Es lautet: Es existieren keine Zustände mit 0 K. Diese Temperatur ist ein nicht erreichbarer Grenzwert (limes). Für ihn gilt beispielsweise:

$$\lim_{T \to 0\,\mathrm{K}} S = 0. \tag{1.39}$$

Das bedeutet, daß für die Entropie Absolutwerte und nicht nur Differenzen zwischen zwei Zuständen berechnet werden können.

1.3.5. *Prinzip der minimalen Entropieproduktion nach* I. Prigogine

Im Zusammenhang mit (1.23a) war die Frage nach der expliziten Berechnung von $đ_i S$ offen geblieben. Es wird jetzt ein Beispiel angegeben. Ein quaderförmiges System sei senkrecht zur Kante mit der Länge l in zwei Teilsysteme 1 und 2 mit den Temperaturen $T_1 = T$ und $T_2 = T + \mathrm{d}T$ zerlegt. Die Querschnittfläche A der Teilung ergibt sich aus Höhe und Breite des Quaders. Dann erhöht sich infolge des Wärmeflusses von 1 nach 2 durch die Fläche A die Entropie im Inneren des Systems um

$$đ_i S = đQ\left(\frac{1}{T} - \frac{1}{T + \mathrm{d}T}\right) = đQ\left(\frac{T + \mathrm{d}T - T}{T(T + \mathrm{d}T)}\right) \approx đQ\,\frac{\mathrm{d}T}{T^2} \tag{1.40}$$

oder gemäß (1.21)

$$P = \frac{đ_i S}{\mathrm{d}t} = \frac{đQ}{\mathrm{d}t} \frac{\mathrm{d}T}{T^2} \geqq 0 . \tag{1.41}$$

Bezieht man diese Größe auf das Volumen $V = Al$, so ergibt sich die Entropieproduktionsdichte $p[S]$

$$p[S] = \boldsymbol{W}\, \boldsymbol{grad} \left(\frac{1}{T}\right) \geqq 0 \tag{1.42}$$

mit dem Vektor $\boldsymbol{W}$ der Wärmestromdichte. Diese Größe entspricht $\frac{đQ}{A\,\mathrm{d}t}$ und hat einen Betrag und eine Richtung (Pfeil senkrecht zu A von 2 nach 1). Die Maßeinheit ist $\mathrm{J\,m^{-2}\,s^{-1}}$. Der Vektor $\boldsymbol{grad}\, \frac{1}{T} = -\frac{1}{T^2}\, \boldsymbol{grad}\, T$ entspricht $\frac{\mathrm{d}T}{lT^2}$ und wird nach den Regeln der Vektoranalysis gebildet. Er ist proportional dem Temperaturgefälle $-\boldsymbol{grad}\, T$. Der Vektor $\boldsymbol{grad}\, T$ gibt den Temperaturanstieg wieder. Wird $\boldsymbol{W}$ als thermodynamischer Fluß J_i bezeichnet und $\boldsymbol{grad}\, 1/T$ als thermodynamische Kraft X_i, so läßt sich (1.42) verallgemeinern zu

$$p[S] = \sum_{i=1}^{N} J_i X_i \tag{1.43}$$

mit N thermodynamischen Kräften X_i und Flüssen (oder Fluxen) J_i. In der linearen (in der Nähe des thermodynamischen Gleichgewichts) Thermodynamik der irreversiblen Prozesse gilt:

$$J_i = \sum_{j=1}^{N} L_{ij} X_j \qquad (i = 1, 2, \ldots, N) . \tag{1.44}$$

Solche Prozesse und Gleichungen treten auf bei der oben beschriebenen Wärmeleitung von T_2 nach T_1, bei der Diffusion, beim Impulstransport in zähen, fließenden Fluiden und bei chemischen Reaktionen. Für die phänomenologischen Koeffizienten L_{ij} gelten allgemein die Onsagerschen (Onsager 1931) Reziprozitätsbeziehungen (vgl. auch Miller 1960):

$$L_{ij} = L_{ji} \qquad (i \neq j = 1, 2, \ldots, N) . \tag{1.45}$$

Die Entropieproduktion nimmt im Fließgleichgewicht, d. h. im stationären Zustand bei festgehaltenen Randbedingungen, ein relatives Minimum an:

$$\frac{\mathrm{d}P}{\mathrm{d}t} \leqq 0. \tag{1.46}$$

Das PRIGOGINEsche Minimumprinzip besagt, daß ein thermodynamisches System bei Annäherung an den stationären Zustand ständig seine Entropieproduktion P verkleinert. Das thermodynamische Gleichgewicht ist mit $P = 0$ in diesem Prinzip enthalten.

1.3.6. *Nichtlinearitäten*

Weit entfernt vom thermodynamischen Gleichgewicht gelten statt (1.44) nichtlineare Kraft-Flux-Beziehungen:

$$J_i = \sum_{j=1}^{N} L_{ij}(X_k)\, X_j \qquad (i, k = 1, 2, \ldots, N). \tag{1.47}$$

Für den durch die Änderung der Kräfte X_j bedingten Entropieproduktionsanteil gilt das GLANSDORFF-PRIGOGINEsche Evolutionskriterium (GLANSDORFF, PRIGOGINE 1971):

$$\frac{\text{đ}_X P}{\mathrm{d}t} \leqq 0, \tag{1.48}$$

wobei $\mathrm{d}P$ aus (1.46) zerlegt ist in

$$\mathrm{d}P = \text{đ}_X P + \text{đ}_J P = \int \mathrm{d}V \sum_{i=1}^{N} J_i\, \mathrm{d}X_i + \int \mathrm{d}V \sum_{i=1}^{N} X_i\, \mathrm{d}J_i. \tag{1.49}$$

In Worten lautet (1.48): Für beliebige (nichtlineare) thermodynamische Systeme findet bei zeitunabhängigen Randbedingungen eine zeitliche Entwicklung statt, bei der $\text{đ}_X P$ stets abnimmt und im stationären Zustand Null ist:

$$\text{đ}_X P \leqq 0. \tag{1.49a}$$

Fragt man nicht nach den Ursachen der Entropieproduktionsänderung, sondern nach deren Schicksal, so gilt mit der Zerlegung

$$P = P_\mathrm{U} + P_\mathrm{S} \tag{1.50}$$

(P_U = Entropieproduktion, die in die Umgebung abgeführt wird, P_S = Entropieproduktion, die im System verbleibt) das Kriterium nach ZOTIN 1974:

$$\frac{đP_U}{dt} \leqq 0. \tag{1.51}$$

Als letztes sei nach der Stabilität in nichtlinearen Systemen gefragt. Sie liegt vor, wenn die sogenannte Exzeßentropieproduktionsdichte (Variation 2. Ordnung)

$$p[\delta S] = \sum_{i=1}^{N} \delta J_i \delta X_i > 0 \tag{1.52}$$

positiv ist (vgl. auch LEUSCHNER 79). Wird sie negativ, so ist Um- und Neustrukturierung möglich. Man spricht nach PRIGOGINE von dissipativen Strukturen. Diese werden weit weg vom thermodynamischen Gleichgewicht dadurch aufrecht erhalten, daß die im System erzeugte Entropie in die Umgebung exportiert wird, indem ein ständiger Stoff- und Energieaustausch stattfindet.

1.4. Statistische Thermodynamik

In der voranstehenden phänomenologischen Thermodynamik wurde die Materie als Kontinuum betrachtet. In ihr können die thermodynamischen Größen gemessen, aber nicht berechnet werden. Das Ziel der statistischen Thermodynamik dagegen ist es, den mikroskopischen Aufbau der Materie als Erklärung für die aufgefundenen Gesetze heranzuziehen und die thermodynamischen Größen zu berechnen. Die Grundvoraussetzung dafür ist die Vorstellung, daß alle Stoffe aus kleinsten Teilchen (Atome, Moleküle) aufgebaut sind, die sich nach den Gesetzen der Mechanik bewegen. Veranschaulicht wird dies z. B. beim Nachweis der BROWNschen Molekularbewegung. Sie wird unter dem Mikroskop indirekt sichtbar gemacht. Kleine, in einer Flüssigkeit aufgeschwemmte Teilchen wie Pollenkörner von Blütenpflanzen bewegen sich in regellosen Zick-Zack-Bewegungen, die durch Stöße der Flüssigkeitsmoleküle verursacht werden. THOMPSON 1966 vergleicht diese Bewegungen mit der einer Stubenfliege unter einem Lampenschirm.

Auf Grund der Vielzahl der in einem Kubikzentimeter enthaltenen Moleküle läßt sich die Bewegung eines einzelnen nicht verfolgen. Die Beschreibung der Bewegung muß mit Hilfe von Wahrscheinlichkeitstheorie und Statistik erfolgen. Der mathematische Aufwand ist beträchtlich (KITTEL 1973, MACKE 1962, MÜNSTER 1969, PRIGOGINE 1962, SOMMERFELD 1962, SUBAREW 1976). Hier können nur wenige Andeutungen stehen, vgl. aber LEUSCHNER 79.

1.4.1. Grundbegriffe der statistischen Thermodynamik

Beispielsweise läßt sich der Druck in einem Gas auf die Impulsänderung (Richtungsumkehr) der auf die Wand auftreffenden Moleküle zurückführen (RECKNAGEL 1957). Diese haben verschiedene Geschwindigkeiten (Geschwindigkeitsverteilung). Der momentane Druck auf ein Wandstück hängt davon ab, mit welcher Wahrscheinlichkeit wieviele Moleküle mit welcher Geschwindigkeit und Richtung gerade auf die Wand treffen. Hier sollen die dabei erzeugten Druckschwankungen nicht von Interesse sein. Wichtig ist dagegen der Mittelwert über eine längere Zeit.

Damit sind die grundlegenden Begriffe der statistischen Mechanik eingeführt: Wahrscheinlichkeit, Verteilung, Mittelwert und Schwankung. Sie werden noch an einem weiteren einfachen Beispiel erläutert. Zwei Teilchen 1 und 2 sollen auf zwei gleich große Volumina I und II verteilt werden. Es gibt dann vier Mikrozustände: 1 und 2 in I; 1 in I und 2 in II; 1 in II und 2 in I; 1 und 2 in II. Die Wahrscheinlichkeit w' für jeden solchen Zustand ist 1/4. Werden die Teilchen als ununterscheidbar betrachtet, ergeben sich drei Makrozustände: 2 Teilchen in I; 2 Teilchen in II; 1 Teilchen in I und 1 Teilchen in II. Die zugehörigen Wahrscheinlichkeiten sind 1/4, 1/4, 1/2. Bezeichnet man diese mit w, so gilt

$$w = Ww' . \tag{1.53}$$

W = die sogenannte thermodynamische Wahrscheinlichkeit = die Anzahl der zu einem Makrozustand gehörigen Mikrozustände. Wird jetzt die Verteilung von N Teilchen eines idealen Gases auf das Volumen V' betrachtet, das ein Teil des Gesamtvolumens V ist, so gilt mit

$$w = \frac{V'}{V} \tag{1.54}$$

(w = Wahrscheinlichkeit, ein Teilchen in V' zu finden) für die Wahrscheinlichkeit, gerade n Teilchen in V' zu finden (Abb. 1.1):

$$w_n = \frac{N!}{n!(N-n)!} w^n (1-w)^{N-n} \tag{1.55}$$

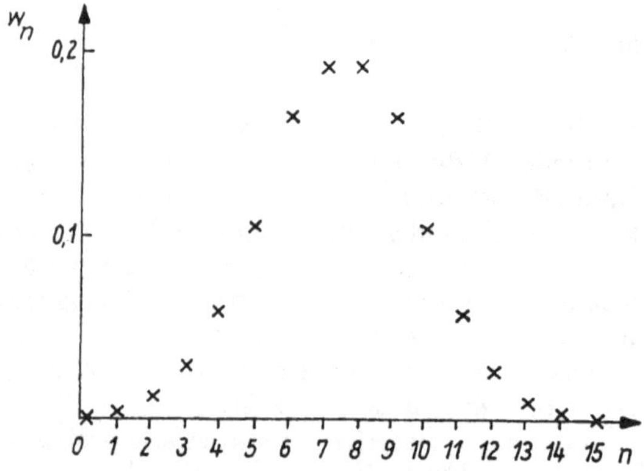

Abb. 1.1. Binomialverteilung für $w = 1/2$ und $N = 15$

($N! = 1 \cdot 2 \cdot \cdots \cdot N$, lies N-Fakultät). Gl. (1.55) heißt Binomialverteilung (Weber 1980). Ihr Mittelwert $\bar{n}$ ergibt sich aus

$$\bar{n} = \frac{\sum_{n=0}^{N} n w_n}{\sum_{n=0}^{N} w_n} = \sum_{n=0}^{N} n w_n = wN \tag{1.56}$$

mit

$$\sum_{n=0}^{N} w_n = 1 \tag{1.57}$$

und ihre Schwankung aus

$$(\Delta n)^2 \equiv \overline{(n-\bar{n})^2} = \bar{n} - \frac{\bar{n}^2}{N}. \tag{1.58}$$

Für $V' \ll V$ wird $\frac{\bar{n}^2}{N} \approx 0$, d. h.

$$(\Delta n)^2 \approx \bar{n}, \tag{1.59}$$

oder für die relative Schwankung ergibt sich

$$\frac{\Delta n}{\bar{n}} \approx \frac{1}{\sqrt{\bar{n}}}. \tag{1.60}$$

Man bezeichnet $\bar{n}$ als Scharmittel, das gebildet wird aus einer Schar von Systemen mit 0 Teilchen in V', N Teilchen in $(V - V')$; 1 Teilchen in V', $(N - 1)$ Teilchen in $(V - V')$; 2 Teilchen in V', $(N - 2)$ Teilchen in $(V - V')$; ...; N Teilchen in V', 0 Teilchen in $(V - V')$. Im Zeitablauf werden von einem System alle Situationen, die durch die vielen Systeme der Schar repräsentiert sind, einmal verwirklicht. Bezeichnet man mit $\bar{n}_\tau$ das Zeitmittel, so gilt die Annahme

$$\bar{n}_\tau = \bar{n}. \tag{1.61}$$

Abschließend wird die Verteilung von Teilchen auf verschiedene Energien E (Boltzmann-Theorem) angegeben:

$$w = w_0\, e^{-\frac{E-E_0}{kT}}. \tag{1.62}$$

Dabei sind: w = Wahrscheinlichkeit, daß ein Teilchen die Energie E besitzt, w_0, E_0 Konstante, und k ist die sogenannte Boltzmann-Konstante

$$k = 1{,}38 \cdot 10^{-23}\ \mathrm{J\,K^{-1}}. \tag{1.63}$$

Sie ergibt sich aus der Division von (1.6a) durch (1.2b) als auf das Molekül bezogene Gaskonstante.

1.4.2. Statistische Motivierung der Thermodynamik

Die Zurückführung der wichtigsten thermodynamischen Größen auf die mechanische Bewegung der Moleküle sei anhand des idealen Gases demonstriert. Die Temperatur T ergibt sich aus der kinetischen Energie der Moleküle. In diesem Zusammenhang ist die Beziehung (eindimensionale Bewegung)

$$\frac{m_0}{2} v^2 = \frac{1}{2} kT \tag{1.64}$$

für die kinetische Energie eines Moleküls mit der Masse m_0 und der Geschwindigkeit v von grundsätzlicher Bedeutung. Die innere Energie E eines idealen Gases ergibt sich als Summe der kinetischen

Energie aller Moleküle. Für die Entropie S wird im molekularen Bilde

$$S = k \ln W \tag{1.65}$$

mit W aus (1.53). Interpretiert man (1.20) als das Bestreben eines isolierten Systems, im Gleichgewicht einen maximalen Wert von S anzunehmen, so folgt aus (1.65), daß im Gleichgewicht auch W einen maximalen Wert annimmt. Das entspricht nach den Ausführungen, die zu (1.53) führten, maximaler „Unordnung". In jedem Volumen befindet sich ein Teilchen, d. h., $W = 2$. Ordnung heißt in diesem einfachen Beispiel, daß sich beide Teilchen entweder im Volumen I oder im Volumen II befinden, was gleichbedeutend mit einer größeren „Strukturierung", d. h. „Information" gegenüber der Gleichverteilung der beiden Teilchen auf die Volumina I und II ist.

Erwähnt sei abschließend, daß nicht nur für den Fall des idealen Gases eine statistische Betrachtung im molekularen Bilde möglich ist. Es lassen sich für viele andere Fälle E und S berechnen. Auch der 1. und 2. HS können ganz allgemein statistisch interpretiert werden. Die Nichtgleichgewichtsthermodynamik kann in analoger Weise auf der Basis einer Nichtgleichgewichtsstatistik behandelt werden.

2. Anwendung der Thermodynamik auf molekularem und zellulärem Niveau

Im ersten Teil wurden die physikalischen Grundlagen der Thermodynamik auf dem Weg vom „Großen" (phänomenologische Theorie auf der makroskopischen Ebene der Kontinuumsvorstellung) zum „Kleinen" (statistische Interpretation auf der mikroskopischen Basis des Atomismus) dargestellt. Nunmehr wird in den folgenden Teilen bei der Anwendung der Thermodynamik in der Biologie ein Weg vom „Kleinen" zum „Großen" beschritten. Die räumliche Dimension betreffend: Molekulares, zelluläres, organismisches und biozönotisches Niveau. Die zeitliche Dimension betreffend: Schnelle biochemische Reaktionen bis zu den langen Zeiten der Phylogenese. Es wird anhand von ausgewählten Beispielen demonstriert, welche Einsichten die thermodynamischen Hauptsätze und Prinzipien bei der Erkenntnisgewinnung in Molekularbiologie, Zellphysiologie, Pflanzen- und Tierphysiologie, Ökologie und Phylogenie vermitteln können.

Insbesondere sei hier auf drei Monographien verwiesen, die nach Auffassung der Herausgeber im Sinne einer theoretischen Biologie auf der Basis der Thermodynamik zu verstehen sind: Zotin 1976, 1980, 1984. Für das Studium mancher biologischer Erscheinungen reicht die Gleichgewichtsthermodynamik im geschlossenen, sogar im isolierten System aus, für das anderer ist der Apparat der Thermodynamik irreversibler Prozesse in offenen Systemen unerläßlich. Dabei wird sich, unter Beachtung der Spezifik der Lebensphänomene, auf allen Organisationsniveaus immer wieder erweisen, daß physikalische, speziell thermodynamische Gesetze uneingeschränkt auch in der Biologie gelten. Energetische und entropische Berechnungen und Betrachtungen bilden den Schlüssel zum Verständnis. *Strukturelle und funktionelle Ordnung biologischer Systeme wird durch Entropieerniedrigung* (entspricht Ordnungserhöhung bzw. Informationszuwachs; siehe die Ausführungen zu (1.65), vgl. aber auch Lenk 1978, Riedl 1973, Rowlinson 1970, Ziesche 1968) *infolge von Energiezufuhr von außen aufgebaut und aufrechterhalten.* Auch in der Biologie ist der 2. HS bei allen Ordnungs- und Unordnungsprozessen für die sachliche Richtigkeit verantwortlich, während der 1. HS die rechnerische Richtigkeit kontrolliert.

2.1. Molekulares Niveau

Strukturelle Ordnung und thermodynamische Kenngrößen „biologischer" Moleküle, Gleichgewichtsthermodynamik der Biochemie und biochemische Kinetik bilden den Inhalt dieses Kapitels.

2.1.1. Biologisch wichtige Moleküle

Hier wird ein pragmatischer Weg zur Erläuterung von Struktur und Eigenschaften einiger ausgewählter Moleküle aus thermodynamischer Sicht eingeschlagen, weil die eigentlich erforderlichen quantenmechanischen Berechnungen aus Platzgründen unterbleiben müssen.

2.1.1.1. Molekulare Struktur

Um die Struktur von Molekülen unter thermodynamischem Aspekt zu besprechen, werden im folgenden die beiden Begriffe Information und freie Enthalpie zugrunde gelegt.

Als Beispiel für die in Molekülen enthaltene Information sei die DNA (Desoxyribonukleinsäure) gewählt. Es wird die lineare Anordnung der den vier Basen Adenin A, Thymin T, Cytosin C und Guanin G entsprechenden Nukleotide auf einem Strang der Doppelhelix (Beier 1968, Träger 1969) betrachtet. Liegen auf einer solchen Kette n Nukleotide vor, so gibt es entsprechend der mathematischen Kombinatorik (Autorenkollektiv 1974)

$$Z = 4^n \tag{2.1}$$

mögliche Anordnungen. Die 4 bezieht sich auf die Anzahl der auszuwählenden Nukleotide. Bei Proteinen wären es 20 Aminosäuren. Die im DNA-Molekül enthaltene Information I wird durch

$$I = \text{ld}\, Z = \text{ld}\, 4^n = 2n \text{ bit} \tag{2.2}$$

(ld = Logarithmus dualis = Logarithmus zur Basis 2; bit = Binärentscheidung = Entscheidung zwischen Ja und Nein, z. B., ob das Nukleotid mit der Base A an der fraglichen Stelle der Kette liegt oder nicht) gemessen (Meyer-Eppler 1959, Schwartz 1963). Wegen des genetischen Codes, d. h. der Entsprechung von Nukleotid-Triplett und Aminosäure (Eigen 1971), lassen sich adäquate Betrachtungen zur in Proteinen (Devenyi u. a. 1969, Geissler 1972), Träger l. c., Vogel u. a. 1971) enthaltenen Information anstellen. Die Erzeugung von neuer Information im Laufe der Evolution spielt dabei eine besondere Rolle (Chernavskaya, Chernavsky 1985). Auch hier wird nur die lineare Anordnung der Aminosäuren (Primärstruktur) berücksichtigt. Die Erfassung der in der Sekundärstruktur der Proteine enthaltenen Information wäre auch in allgemeiner Form nötig. Dasselbe gilt für die Tertiär- und Quartärstruktur. Der uneinheitliche Gebrauch dieser „Strukturbegriffe" (Karlson 1972) erschwert solche Überlegungen. Sicher ist — sie müssen von der Entropie des „komplex gefalteten" Makromoleküls ausgehen. Die Annahme des statistischen Knäuls kann dabei einen geeigneten Bezugspunkt darstellen.

Die mit einem Informationsgewinn ΔI in Zusammenhang stehende Entropieerniedrigung ΔS wurde von Valentinuzzi u. a.

1963 unter Zugrundelegung konkreter Bindungsenergien und mittels linearer Regression bei einer Reihe von Substanzen (Aldehyde, Alkohole, Fettsäuren, Aminosäuren u. a.) quantitativ untersucht:

$$\left|\frac{\Delta S}{\Delta I}\right| = 34{,}8 \cdot 10^{-23}\,\mathrm{J\,K^{-1}\,bit^{-1}}, \tag{2.3}$$

ein anderer Wert als der häufig angegebene, aus $k \cdot \ln 2$ berechnete und auf Brillouin zurückgehende (Sedov 1985) von 0,957 $\times\ 10^{-23}\,\mathrm{J\,K^{-1}\,bit^{-1}}$. Der Zusammenhang zwischen Entropie und Information muß als noch nicht endgültig geklärt bezeichnet werden (Ebeling 1976).

Einen weiteren thermodynamischen Zugang zur Struktur biologisch relevanter Moleküle liefert die Berechnung der freien Enthalpie (1.29), die für die vom Molekül realisierte Struktur gegenüber anderen möglichen Strukturen einen Minimalwert annimmt. Dabei sind die durch den Term $p \cdot V$ bedingten Beiträge analog den Untersuchungen bei Kristallen (Leuschner 1968) meist von geringem Einfluß.

Für die Erklärung der Stabilität der für die Entwicklung und Aufrechterhaltung des Lebens so wichtigen strukturellen Ordnung des Wassers (Eisenberg, Kauzmann 1969, Forslind 1971, Frank 1970, Glaser 1986, zur Wasserstoffbrückenbindung Kuban 1986, Netter 1959, Richter 1969, Snell u. a. 1968) reicht die Forderung minimaler freier Enthalpie nicht aus. Durch die Translations- und Rotationsbewegung der einzelnen Wassermoleküle bedingte hochfrequente Konfigurations- und Bindungswechsel verleiht durch Assoziation gebildeten Clustern (z. B. Tetraeder in Abb. 2.1, auch für flüssiges Wasser gilt ähnliches, allerdings mit geringerem Ordnungsgrad) eine zusätzliche dynamische Stabilität, deren endgültige quantitative thermodynamische Erfassung noch aussteht.

Abschließend werden im Vergleich zu einigen anderen Substanzen die Werte der molaren Entropie für Wasser in den drei Aggregatzuständen angegeben (Tab. 2.1, Laskowski, Pohlit 1974). Sie spiegeln gemäß der Bemerkung über Entropie und Ordnung unter Punkt 2. die vom festen zum gasförmigen Zustand wachsende strukturelle Unordnung wider (vgl. auch Abb. 2.9 in 2.1.2., die ein weiteres Beispiel zur Veranschaulichung des Entropiebegriffs darstellt; im Falle des Wassers kommt sowohl die Erhöhung der Geschwindigkeit als auch die Erniedrigung der Teilchenzahl im Volumen zur Geltung).

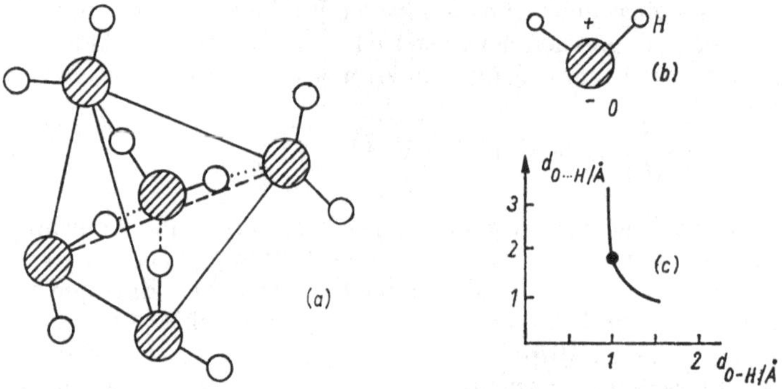

Abb. 2.1. Struktur des Wassers: (a) Tetraeder-Struktur im Eis, (b) polarisiertes Wassermolekül aus großem Sauerstoffatom und kleinen Wasserstoffatomen, (c) Korrelation zwischen Verkürzung des intermolekularen Abstands O—H und Verlängerung des intramolekularen Abstands O···H (Wasserstoffbrückenbindung); der für die Tetraederstruktur des Wassers gültige Punkt ($d_{O\cdots H}$ = 1,77 Å und d_{O-H} = 0,99 Å) ist eingetragen

Tabelle 2.1.
Werte der molaren Entropie (Entropie für ein Mol der Substanz) für einige ausgewählte Stoffe

Stoff	molare Entropie/J mol^{-1} K^{-1}
H_2O (Eis)	41
H_2O (flüssig)	63
H_2O (Gas)	188
H_2 (Gas)	113
He (Gas)	126
CO_2 (Gas)	214

2.1.1.2. *Thermodynamische Eigenschaften*

Wie bei der Besprechung der Struktur in 2.1.1.1. werden auch bei der der Eigenschaften nur einige wichtige thermodynamische Einzelheiten von DNA, Proteinen und Wasser ausgewählt.

2.1.1.2.1. *Desoxyribonukleinsäure*

Es werden molare Masse (1.2a), Schmelzpunkt und molekulare Hysterese diskutiert.

2.1.1.2.1.1. Molare Masse

Durch sorgfältiges und vorsichtiges Experimentieren gelingt es, unzerbrochene DNA-Stränge und demzufolge einen unverfälschten Wert für die molare Masse zu erhalten. Für DNA aus Mikroorganismen z. B. liegen die Werte bei $M = 10^9$ g mol^{-1}.

2.1.1.2.1.2. Schmelzpunkt

Wegen der Analogie zum Zusammenbrechen der Ordnung in einem Kristall spricht man vom Schmelzen der DNA bei Temperaturerhöhung. Man kann für bestimmte Ionenkonzentration (einschließlich pH-Wert) eine definierte Schmelztemperatur (unexakt: Schmelzpunkt) ϑ_m angeben, bei der die Doppelhelixstruktur zusammenbricht. Diese mit Auftrennung der Wasserstoffbrückenbindungen zwischen A und T bzw. G und C verbundene Denaturierung der nativen DNA findet bei um so höheren Temperaturen statt, je höher der G,C-Gehalt ist (AT bildet nur zwei, GC dagegen drei Wasserstoffbrücken aus):

$$\vartheta_m = 69{,}3 + 0{,}41 c_{\mathrm{G+C}}, \tag{2.4}$$

wobei sich ϑ_m in °C ergibt, wenn $c_{\mathrm{G+C}}$ als Guanin-Cytosin-Gehalt in Mol% eingesetzt wird. Bei ϑ_m zeigt beispielsweise der Brechungsindex einer DNA-Lösung eine ausgeprägte (stufenförmige) Erhöhung, wenn die Temperatur ansteigt.

2.1.1.2.1.3. Molekulare Hysterese

Wird anschließend an die genannte Erhöhung der Temperatur eine Erniedrigung durchgeführt, so erreicht bei der Lösung mit der nunmehr renaturierten DNA der Brechungsindex nicht mehr den ursprünglich niedrigen Wert der nativen DNA bei einer niedrigen Temperatur. Man spricht in Analogie zu ferromagnetischen Erscheinungen von Hysterese. Dieselbe kann auch in Abhängigkeit vom pH-Wert beobachtet werden. Die thermodynamische Untersuchung solcher Phänomene wird mittels metastabiler Zustände und kooperativer Nichtgleichgewichtsübergänge auf der Basis von Kurven entsprechend der Zustandsgleichung des VAN-DER-WAALS-Typs für reale Gase (RECKNAGEL 1957) durchgeführt (NEUMANN 1973). Die mit Entropiezunahme bzw. Energieverlust verbundene Hysterese bei biologischen Molekülen entspricht einer Erinnerung an deren Vorgeschichte. Solche Erscheinungen können für Gedächtnisfunktionen in der Biologie eine Rolle spielen.

2.1.1.2.2. *Proteine*

Die verschiedenen biologischen Funktionen der Proteine als Baustoffe, Biokatalysatoren (Fermente, Enzyme), Rezeptoren, kontraktile Elemente, Transportvehikel usw. hängen eng mit deren thermodynamischen Eigenschaften zusammen. Deshalb wird in Tab. 2.2 eine Auswahl gegeben. In den Zeilen stehen folgende Eiweiße: Cytochrom *c* (Atmungsferment, Valenzwechsel des Eisens), Enolase (Bildung von Phosphoenolbrenztraubensäure aus 2-Phosphoglyzerinsäure unter Wasserabspaltung), Fibrinogen (vom Rind; Blutgerinnung), Hämoglobin (vom Menschen; Blutfarbstoff, reversible Sauerstoffbindung mit S-förmiger Sättigungskurve), Hexokinase (Phosphorylierung von Glucose), Insulin (blutzuckersenkendes Hormon der Bauchspeicheldrüse, erste

Tabelle 2.2.
Thermodynamische Kenngrößen einiger Proteine bei 20 °C (vgl. Text)

Protein	$M/10^3$ g $\times$ mol^{-1}	$10^{-3}\bar{\varphi}/$ cm^3 mol^{-1}	$D/10^{-7}$ cm^2 s^{-1}	$S/10^{-13}$ s
Cytochrom *c*	11,6	8,2	10,1	1,9
Enolase	63,7	4,7	8,1	5,6
Fibrinogen	341	241	2,02	7,9
Hämoglobin	64,5	48,3	6,9	4,5
Hexokinase	96	71	2,9	3,1
Insulin	5,75	4,1	16,0	1,2
β-Lipoprotein	3000–20000	2850–19000	—	2,9
Myoglobin	16,9	12,5	11,3	2,0
Myosin	620	460	0,87	7,2
Pepsin	34,5	25,9	9,0	3,3
Peroxidase	82	57,4	7,05	3,5
Ribonuklease	13,5	9,6	13,6	1,9
Serumalbumin	69	50,5	6,1	4,6
Tabakmosaikvirus	40000	29000	0,3	174

Strukturaufklärung eines Proteins), β-Lipoprotein (Transport wasserunlöslicher Fette und Lipoide in wäßrigem Medium), Myoglobin (reversible Sauerstoffbindung mit hyperbolischer Sättigungskurve), Myosin (Muskelkontraktion), Pepsin (Eiweißspaltung im Magen), Peroxidase (aus Milch; H_2O_2-Spaltung), Ribonuklease (spaltet nur Phosphodiesterbindungen, die vom Pyrimidin-3'-phosphat ausgehen), Serumalbumin (vom Menschen; 60% des Gesamteiweißes, Proteinreserve des Organismus, Transportfunktion), Tabakmosaikvirus (Nukleoproteid, nur zum Vergleich angeführt). In den Spalten stehen zwei Gleichgewichts- (M, $\overline{\varphi}$) und zwei Nichtgleichgewichtskenngrößen (D, S). Diese und einige weitere wurden aus D'Ans-Lax 1967, Karlson l. c., Landolt-Börnstein 1969, Netter l. c., Neurath 1963, Neurath, Bailey 1953, Perutz 1966, Rauen 1964 entnommen und werden im folgenden diskutiert.

2.1.1.2.2.1. Molare Masse

Die häufig zu findende Bezeichnung Molekulargewicht ist zahlenmäßig mit dem Wert nach (1.2a) identisch. Die Maßeinheit Dalton entspricht g mol^{-1}. Die Maßzahlen hängen von der Bestimmungsmethode (z. B. 2.1.1.2.2.4.) ab. Der genaueste Wert resultiert aus der Addition der molaren Massen der in der Sequenz enthaltenen Aminosäuren, falls die Struktur genau bekannt ist. Ketten mit 300—600 Aminosäuren der molaren Masse 110—120 g $\times$ mol^{-1} entsprechen dann Proteinen mit molaren Massen von 33000 bis 70000 g mol^{-1}. Aggregation von Ketten (Hämoglobin) bzw. di-, tri- oder tetramere Formen (Insulin) bewirken höhere Werte. Native Proteine sind in Lösung oft monodispers: Teilchen gleicher Größe, Gestalt und Eigenschaften.

2.1.1.2.2.2. Partielles molares Volumen

Wenn man die für extensive Größen in 1.2. angegebene Eigenschaft der Massenproportionalität speziell für das Volumen in mathematische Form bringt, wobei die Menge n_k der Komponente k proportional der Masse m_k ist, so ergibt sich:

$$V(p, T, \lambda n_k) = \lambda V(p, T, n_k). \tag{2.5}$$

Die Mathematik liefert für solche homogene Funktionen von der Dimension 1 (ROTHE 1954):

$$V = \sum_{k=1}^{K} n_k \frac{\partial V}{\partial n_k} \equiv \sum_{k=1}^{K} n_k \bar{\varphi}_k, \qquad \bar{\varphi}_k \equiv \frac{\partial V}{\partial n_k} \tag{2.6}$$

mit dem damit definierten partiellen molaren Volumen $\bar{\varphi}_k$ der Komponente k. Wird als Komponente $k = 1$ Wasser und als $k = 2$ Protein betrachtet, so gibt $\bar{\varphi}_2$ an, um wieviel das Volumen zunimmt, wenn der Lösung 1 mol Protein zugesetzt wird (vgl. zweite Spalte in Tab. 2.2).

2.1.1.2.2.3. *Diffusionskoeffizient*

Durch den Konzentrationsgradienten eines Stoffs wird ein Massestrom dieses Stoffs ausgelöst. Dieser als Diffusion bezeichnete Prozeß, der als makroskopisches Phänomen der mikroskopischen BROWNschen Molekularbewegung (vgl. 1.4.) äquivalent ist, ist irreversibel: Der sich aus einer Parfümflasche im Zimmer verbreitende Duftstoff kehrt nicht von selbst in die Flasche zurück.

Die prinzipielle Vorstellung zur Diffusion ist in Abb. 2.2 wiedergegeben. Links befindet sich die Lösung (wäßrige Proteinlösung)

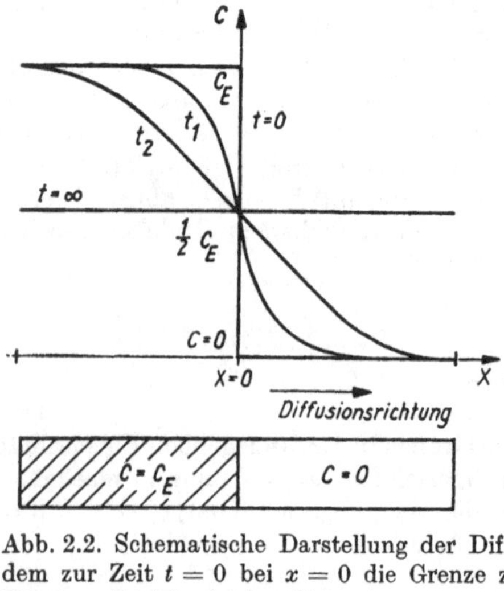

Abb. 2.2. Schematische Darstellung der Diffusion in einem Zylinder, in dem zur Zeit $t = 0$ bei $x = 0$ die Grenze zwischen Lösung (links) und Lösungsmittel (rechts) realisiert ist

und rechts das reine Lösungsmittel (Wasser). Über den beiden Teilvolumina ist der Konzentrationsverlauf für verschiedene Zeiten $t = 0, t_1, t_2, \infty$ gezeichnet. Das ganze Problem wird eindimensional mit der Ortskoordinate x betrachtet. Am Ort der Trennlinie ($x = 0$) ist die Konzentrationsänderung am stärksten. Zur Zeit $t = \infty$ hat sich an allen Orten dieselbe Konzentration $c = c_E/2$ eingestellt: Die Hälfte aller Eiweißmoleküle ist ins reine Lösungsmittel diffundiert.

Im folgenden wird anhand von konkreten Teilchenzahlen erläutert, wie aus der völlig ungerichteten mikroskopischen Brownschen Molekularbewegung, bei der sich von einem bestimmten Ort aus gleich viele Teilchen nach rechts wie nach links bewegen, die irreversible Diffusionsrichtung von links nach rechts zu erklären ist (Abb. 2.3). Es sind zu einem bestimmten Zeitpunkt vier herausgegriffene Volumenelemente gezeichnet, in die die Anzahl der darin befindlichen Moleküle eingetragen sind. Aus der Zelle mit 32 Molekülen wandern 16 nach links und 16 nach rechts (Pfeilrichtungen). Damit erhöht sich, wenn der entsprechende Zustrom von Molekülen aus der linken und aus der rechten Nachbarzelle berücksichtigt wird, die Teilchenzahl von 32 auf 40. Analoges gilt für alle Zellen, so daß sich die eingetragene Diffusionsrichtung mit den von links nach rechts wandernden Molekülen

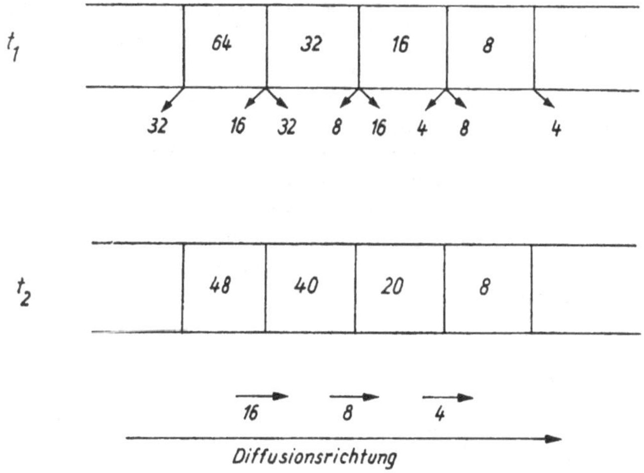

Abb. 2.3. Statistische Erläuterung des Diffusionsvorgangs von Abb. 2.2

ergibt. Das entspricht an einem festen Ort der Erhöhung der Molekülzahl von einem Zeitpunkt zum anderen. Es ist außerdem ersichtlich, daß die Anzahl dN der durch den Querschnitt A' (Abb. 2.4) tretenden Teilchen um so größer ist, je größer der Teilchenzahlunterschied zwischen benachbarten Volumenelementen ist. Führt man die Betrachtung quantitativ durch, so ergibt sich für den der Teilchenzahländerung dN entsprechenden Massestrom von links nach rechts

$$\frac{\mathrm{d}m}{\mathrm{d}t} = -DA' \frac{\mathrm{d}c}{\mathrm{d}x}. \tag{2.7}$$

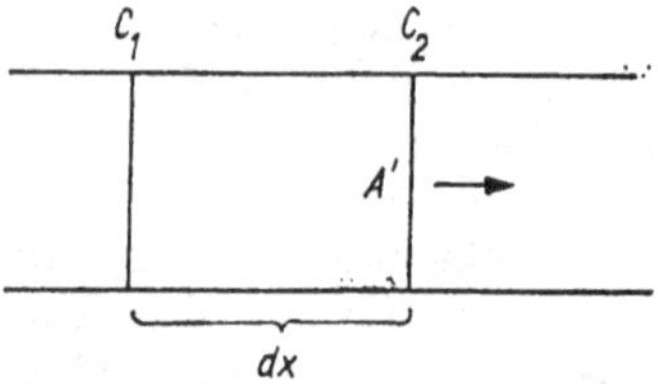

Abb. 2.4. Der durch den Querschnitt A' tretende Massestrom dm/dt ist proportional zu A' und zum Konzentrationsunterschied d$c = c_1 - c_2$ auf der Strecke dx

D = Diffusionskoeffizient (Proportionalitätskonstante, dritte Spalte Tab. 2.2); dc/dx = Änderung der Konzentration c (entspricht der Massendichte (1.3)) auf der Strecke dx; dt = Zeitelement, in dem die Bewegung von dm betrachtet wird. Das negative Vorzeichen berücksichtigt, daß der Massestrom entgegen dem Konzentrationsgradienten erfolgt. D wird meist in $\mathrm{cm^2\,s^{-1}}$ gemessen. Es charakterisiert die Geschwindigkeit der Bewegung der Teilchen eines Stoffs in einem anderen. Empirisch ergibt sich, daß schwere bzw. große Teilchen langsamer diffundieren. Diese Aussagen lassen sich rechnerisch begründen. Beispielsweise ergibt sich für kugelförmige Teilchen

$$D = \frac{\bar{r}T}{L 6 \eta \pi r} \tag{2.8}$$

(vgl. dazu (1.6a), (1.2b)). Der Diffusionskoeffizient D wächst also z. B. für kugelförmige Eiweißmoleküle mit sinkendem Radius (r). Außerdem ergibt sich aus (2.8) eine Erhöhung mit der Temperatur (T) und mit abnehmendem Zähigkeitskoeffizienten (η; vgl.

2.1.1.2.2.5.) des Lösungsmittels. Zur Illustration der Abhängigkeit von der Molekülgröße wird in Abb. 2.2 angenommen, daß die Konzentration auf der linken Seite der Trennfläche immer auf dem konstanten Wert c_E gehalten wird. Es wird danach gefragt, wie der Abstand x zwischen $x = 0$ mit $c = c_E$ und einem Ort bestimmter Konzentration (z. B. $c = 1/10 c_E$) auf der rechten Seite mit der Zeit t wächst. Aus Abb. 2.5 ist ersichtlich, daß sich dieser Ort im Zeitablauf immer weiter nach rechts verschiebt. Für die von einem diffundierenden Teilchen in der Zeit t zurückgelegte Strecke x läßt sich das mittlere Verschiebungsquadrat ausrechnen:

$$x^2 = KDt. \tag{2.9}$$

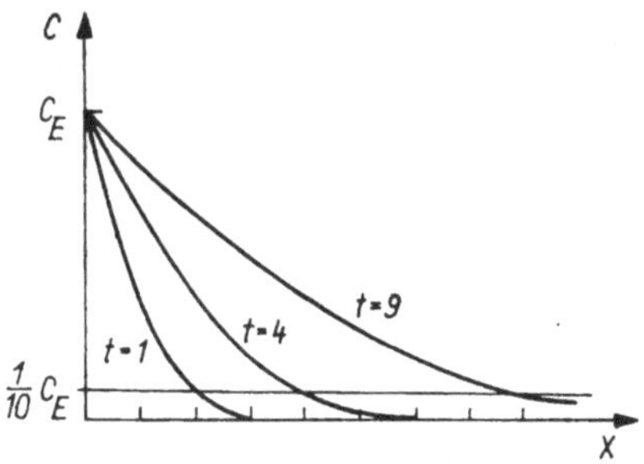

Abb. 2.5. Die im Zeitablauf erfolgende Verschiebung eines bestimmten Konzentrationswertes ($c = (1/10) \cdot c_E$) nach rechts

Wird nach POHL 1947 für ein BROWNsches Teilchen $K = 2$ gesetzt, so ergeben sich für zwei wichtige Stoffe des biologischen Energiehaushalts (vgl. 2.1.2. und HARRISON 1961) die Werte von Tab. 2.3. Sie gelten für wäßrige Lösung von Glukose mit $D = 0{,}57 \cdot 10^{-5}$ cm^2 $\times$ s^{-1} und von Sauerstoff mit $D = 1{,}98 \cdot 10^{-5}$ cm^2 s^{-1}. Die zugehörigen molaren Massen $M = 180{,}1$ g mol^{-1} und $M = 32$ g mol^{-1} sind ein Maß für die Molekülgröße. Bei Zelldimensionen von 0,0015 cm

Tabelle 2.3.

Diffusionsstrecke x in Abhängigkeit von der Diffusionszeit t für Moleküle von Glukose und Sauerstoff in Wasser

x/cm	15	0,15	0,0015
t/s (Glucose)	4,46	0,04	0,0004
t/s (Sauerstoff)	0,24	0,002	0,00002

müßte für Glukose die Diffusion als Transportform ausreichen (vgl. aber 2.2.1.1.2.). Für Gase trifft ähnliches zu. Trotz der Existenz von Membranen kann man analoge grobe Abschätzungen auch für Zellverbände (Gewebe) durchführen.

Es sei abschließend erwähnt, daß für genaue Berechnungen des in Abb. 2.5 dargestellten Sachverhalts die aus (2.7) folgende partielle Differentialgleichung

$$\frac{\partial c}{\partial t} = D \frac{\partial^2 c}{\partial x^2} \tag{2.10}$$

und deren Lösung

$$c = \frac{c_E}{2} \left(1 - \frac{2}{\sqrt{\pi}} \int_0^{\frac{x}{2\sqrt{Dt}}} e^{-v^2} \, dv \right) \tag{2.11}$$

herangezogen werden muß (zur Berechnung des Integrals siehe z. B. KOHLRAUSCH 1955).

2.1.1.2.2.4. *Sedimentationskoeffizient*

Werte dieser Größe sind in der vierten Spalte von Tab. 2.2 enthalten (Symbol S nicht mit der Entropie verwechseln). Unter Sedimentation versteht man die Erscheinung, daß in einer homogenen binären Lösung die schweren Teilchen des gelösten Stoffs unter Einwirkung des Erdschwerefelds im Lösungsmittel nach unten sinken. Das Kräftegleichgewicht zwischen der um den Auftrieb verminderten Gewichtskraft und der Reibungskraft liefert bei kugelförmigen Teilchen nach HÄUSSLER u. a. 1978 für die stationäre Sinkgeschwindigkeit

$$w_s^2 = \frac{4}{3} \left(\frac{\varrho_K}{\varrho} - 1 \right) \frac{d}{c_W} g . \tag{2.12}$$

Dabei sind: w_s = Sinkgeschwindigkeit, ϱ_K = Dichte der Teilchen, ϱ = des Lösungsmittels, d = Durchmesser der Teilchen, c_W = Widerstandsbeiwert der Teilchen (abhängig von den Strömungsverhältnissen, d. h., von der REYNOLDS-Zahl Re, ALBRING 1970), g = Erdbeschleunigung = 9,81 m s^{-2}. Ein Rechenprogramm in der Programmiersprache BASIC (MÜLLER 1986) auf der Basis von

Tabelle 2.4.

BASIC-Programm ERYSED zur Berechnung der Sedimentationsgeschwindigkeit *C* kugelförmiger Teilchen in Abhängigkeit von deren Durchmesser *D*

Es soll die Vielfalt der sich ergebenden Phänomene (Schleichströmung bis turbulente Grenzschicht) demonstrieren, wenn der thermodynamische Parameter Zähigkeit eine Rolle spielt. Es läßt sich z. B. anwenden, um die Sinkgeschwindigkeit *C* von suspendierten Proteinteilchen oder Zellen, aber auch von Nebeltröpfchen in Luft abzuschätzen. Dazu sind in Zeile 40 nach einem akustischen Signal die Werte für RK (Dichte der kugelförmigen Teilchen), R (Dichte des umgebenden Mediums) und NY (kinematische Zähigkeit des Mediums) im MKS-System einzugeben, damit die Werte für D (Wertebereich von 10^{-8} bis 10^{0} m mit variabler Schrittweite, da die Änderungen im Exponenten vorgenommen werden, vgl. Zeile 70) und die zugehörigen C in m s^{-1} (Zeile 320) auf dem Bildschirm erscheinen. Für den strömungstechnisch Interessierten werden die Reynolds-Zahl RE, die Froude-Zahl FR und die Grashof-Zahl GR zusätzlich ausgegeben. Speziell für den Bereich vor der turbulenten Grenzschicht werden Geschwindigkeit CT, Reynolds-Zahl RT und Froude-Zahl FT ebenfalls ausgegeben. Berechnung und Ausgabe des Wertesatzes für den nächsten D-Wert erfolgt nach der Pause in Zeile 330 durch Bedienung der vom Rechner abhängigen Programmfortsetzungstaste (z. B. CONT). Somit kann das zum eingegebenen NY-Wert gehörige C für einen bestimmten Durchmesser ermittelt werden, wobei man die allmähliche Veränderung von C in Abhängigkeit von D verfolgen kann.

```
 10 C$ = "ERYSED"
 20 PRINT C$
 30 PRINT STRING$ (40,"*"):G=9.81EØ
 40 BEEP:INPUT "RHOKU,RHO,NY IM MKS-SYSTEM:";
    RK,R,NY
 50 H=(RK-R)/R:PT=Ø
 60 IF H<=Ø THEN PRINT "KEINE SEDIMENTATION":END
 70 FOR I=-8 TO Ø STEP Ø.2:D=1Ø∧I
 80 GOSUB 1ØØ
 90 NEXT I:END
100 GR=H*G*D∧3/NY∧2
110 IF GR>13 THEN 14Ø
120 PRINT "SCHLEICHSTROEMUNG"
130 P=1.72E-4*GR∧2:GOTO 29Ø
140 IF GR>1E4 THEN 17Ø
150 PRINT "UEBERGANGSGEBIET 1A"
160 P=1.15E-3*GR∧1.3:GOTO 29Ø
170 IF GR>6E5 THEN 2ØØ
180 PRINT "UEBERGANGSGEBIET 1B"
190 P=Ø.11*GR∧Ø.8:GOTO 29Ø
200 IF GR>1E1Ø THEN 23Ø
210 PRINT "LAMINARE GRENZSCHICHT"
220 P=5.4*GR∧Ø.5EØ:GOTO 29Ø
230 IF GR>3E11 THEN 27Ø
240 PRINT "UEBERGANGSGEBIET 2"
250 P=5.4*GR∧Ø.5
260 PT=32*GR∧Ø.5:GOTO 29Ø
270 PRINT "TURBULENTE GRENZSCHICHT"
```

Tabelle 2.4. (Fortsetzung)

```
280 P=0:PT=32*GR^0.5
290 C=(G*NY*H*P)^(1/3):CT=(G*NY*H*PT)^(1/3)
300 RE=C*D/NY:RT=CT*D/NY
310 FR=C*C/G*D:FT=CT*CT/G*D
320 PRINT D,C,CT,RE,RT,FR,FT,GR
330 PAUSE
340 RETURN
```

(2.12) ist in Tab. 2.4 für die Berechnung der stationären Sinkgeschwindigkeit in Abhängigkeit vom Teilchendurchmesser aufgeschrieben. Man kann zur Abschätzung von w_s im Falle laminarer Strömung auch die von ADAM u. a. 1977 angegebene Gleichung benutzen:

$$w_s = \frac{1}{18} g(\varrho_K - \varrho) \frac{d^2}{\eta}, \tag{2.13}$$

wobei η der Viskositätskoeffizient (vgl. 2.1.1.2.2.5.) des Lösungsmittels ist. Proteine zeigen wegen $\varrho_K \approx \varrho$ und wegen des kleinen Werts von g einen nur wenig von Null verschiedenen Wert für die Sinkgeschwindigkeit.

Da das Sinken im Erdschwerefeld sehr langsam abläuft, wird es beschleunigt. Durch schnelle Rotation mit der Winkelgeschwindigkeit ω (2π-faches der Drehfrequenz, gemessen in s^{-1}) wird ein Zentrifugalfeld, resultierend aus der Zentrifugalkraft $m\omega^2 r$, die auf eine auf einer Kreisbahn vom Radius r bewegte Masse m wirkt (WESTPHAL 1956) bis zu 500000 g ($g = 9{,}81\ \mathrm{m\,s^{-2}}$) erzeugt. Das zugehörige Gerät ist die Ultrazentrifuge. Wegen ihrer großen Bedeutung für die biologische Laboratoriumstechnik sollen an ihr beispielhaft einige thermodynamische Berechnungen durchgeführt werden. Dazu wird eine Proteinlösung (in Wasser) betrachtet. Das durch (1.38) gegebene chemische Potential ist um einen Term, der das Zentrifugalfeld berücksichtigt, zum Gesamtpotential (Index G) zu erweitern:

$$\bar{\mu}_{k,G} = \bar{\mu}_k - (\mathrm{W}_k - \varrho\bar{\varphi}_k)\,\omega^2 r^2/2. \tag{2.14}$$

Der Index bezieht sich auf das gelöste Protein. M_k ist also dessen molare Masse und $\bar{\varphi}_k$ sein partielles molares Volumen. Die Lösung habe die Dichte ϱ. Zu Beginn liegt eine homogene Proteinlösung vor, so daß wegen c_k = konstant nach (1.38) auch $\bar{\mu}_k$ = konstant, also $\mathrm{d}\bar{\mu}_k/\mathrm{d}r = 0$, gilt. Wie aus dem Vergleich von (1.42) und (1.43) folgt, ergibt sich eine thermodynamische Kraft als Ableitung nach den Ortskoordinaten. Hier gilt demnach:

$$\begin{aligned} X_{s,k} &= \operatorname{grad} \bar{\mu}_{k,G} \\ &= \frac{\mathrm{d}\bar{\mu}_{k,G}}{\mathrm{d}r} = \frac{\mathrm{d}\bar{\mu}_k}{\mathrm{d}r} - \frac{\mathrm{d}}{\mathrm{d}r} (M_k - \varrho\bar{\varphi}_k) \frac{\omega^2 r^2}{2} \\ &= 0 + (M_k - \varrho\bar{\varphi}_k)\, \omega^2 r = (M_k - \varrho\bar{\varphi}_k)\, \omega^2 r. \end{aligned} \tag{2.15}$$

Der Index s weist auf Sedimentation hin. Wegen (1.44) gilt für den Sedimentationsstrom $J_{s,k}$:

$$J_{s,k} = L_{ss,k} X_{s,k} = L_{ss,k} (M_k - \varrho\bar{\varphi}_k)\, \omega^2 r \equiv S_k \omega^2 r c_k. \tag{2.16}$$

Damit ist der Sedimentationskoeffizient nach SVEDBERG definiert. Da die Sedimentationsstromdichte andererseits durch das Produkt aus Konzentration c_k und Geschwindigkeit v_k gemäß

$$J_{s,k} = c_k v_k \tag{2.17}$$

gegeben ist, folgt

$$S_k = \frac{v_k}{\omega^2 r}. \tag{2.18}$$

Mit optischen Instrumenten wird in der Ultrazentrifuge die Verschiebung der Grenzschicht zwischen Protein und Wasser beobachtet, woraus die Geschwindigkeit v_k folgt. Somit kann S_k berechnet werden. Es hat für jeden Stoff einen charakteristischen Wert, abhängig vom Lösungsmittel. Häufig wird 10^{-13} s als SVEDBERG-Einheit bezeichnet.

Als nächstes wird der Gleichgewichtszustand im Ultrazentrifugenglas betrachtet. Für ihn gilt

$$\frac{\mathrm{d}\bar{\mu}_{k,G}}{\mathrm{d}r} = 0. \tag{2.19}$$

Sedimentation infolge der Zentrifugalkraft und Rückdiffusion infolge des entstandenen Konzentrationsgradienten halten sich die Waage. Mit (2.14) folgt:

$$\frac{\mathrm{d}\bar{\mu}_k}{\mathrm{d}r} - (M_k - \varrho\bar{\varphi}_k)\, \omega^2 r = 0. \tag{2.20}$$

Eine Integration vom Radius r_1 zum Radius r_2 unter Berücksichtigung von (1.38) liefert

$$\bar{\mu}_{k,2} - \bar{\mu}_{k,1} = \bar{r}T \ln \frac{c_{k,2}}{c_{k,1}} = (M_k - \varrho\bar{\varphi}_k)\,\omega^2\,\frac{r_2^2 - r_1^2}{2}. \tag{2.21}$$

Daraus läßt sich die molare Masse ermitteln:

$$M_k = \frac{2\bar{r}T \ln (c_{k,2}/c_{k,1})}{\omega^2(1 - \varrho\bar{\varphi}_k)\,(r_2^2 - r_1^2)}. \tag{2.22}$$

Erwähnt sei schließlich, daß nicht nur aus dem Beginn des Sedimentationsvorgangs bzw. aus dem Endzustand (Gleichgewicht) die Größen S_k bzw. M_k berechnet werden können, sondern daß aus einem beliebigen Zwischenzustand (Nichtgleichgewicht!) der Quotient S_k/D_k (D_k = Diffusionskoeffizient, vgl. 2.1.1.2.2.3.) durch Messung der Konzentration c_k und des Konzentrationsgradienten dc_k/dr am Boden der Sedimentationszelle gewonnen werden kann. Daraus läßt sich ebenfalls M_k bestimmen.

Abschließend sei ein Beispiel für die Bedeutung der Ultrazentrifuge für die Forschung zum Nutzen der menschlichen Gesundheit gegeben. 1985 wurde der Nobelpreis für Medizin und Physiologie für Beiträge zur Aufklärung des Cholesterolstoffwechsels (Singer 1986), der im Zusammenhang mit Herz-Kreislauferkrankungen (Todesursache Nummer Eins in Industrieländern, Pieper, Präve 1985) eine bedeutende Rolle spielt, vergeben. Eine Schlüsselfunktion spielen bei diesem Stoffwechselgeschehen die LDL (low density lipoproteins). Sie können durch Ultrazentrifugation in einer Lösung niederer Dichte (0,019 bis 1,063 g/ml) isoliert werden.

2.1.1.2.2.5. Viskosität

Der bereits in (2.8) benutzte dynamische Zähigkeits- bzw. Viskositätskoeffizient η wird meist als mechanische Kenngröße für die Beweglichkeit von Fluiden bzw. für deren Widerstand gegen Deformationskräfte eingeführt. Vom Standpunkt der Thermodynamik handelt es sich aber wie beim Wärmeleitungs- und beim Diffusionsprozeß (vgl. (1.40) und (2.7)) um die Anwendung von (1.44). Dabei liegt die Vorstellung des phänomenologischen Newtonschen Schubspannungsansatzes zugrunde. Die Scher- oder

Schubspannung τ (Dimension Kraft durch Fläche), die zwei aneinander gleitende Flüssigkeitsschichten in laminarer Strömung (im x, y-Koordinatensystem von unten nach oben) aufeinander ausüben, ist (Leuschner 79):

$$\tau = \eta \frac{dv_y}{dx}; \tag{2.23}$$

dv_y/dx ist das Gefälle der Geschwindigkeit senkrecht zur Strömungsrichtung y, d. h. senkrecht zu den gleitenden Schichten. Die Geschwindigkeit weist also in y-Richtung und nimmt entgegen der x-Richtung, die senkrecht auf einer Wand ($x = 0$) steht, bis auf 0 an der Wand ab. Die Flüssigkeit, die parallel zur Wand strömt, haftet an ihr. Die auftretenden Schubkräfte werden durch Impulsaustausch zwischen den Schichten erzeugt. Schnelle Teilchen gehen über in die langsame Schicht und versuchen, diese zu beschleunigen. Langsame Teilchen gehen über in die schnelle Schicht und versuchen, diese zu bremsen. Für diesen Impulsaustausch gilt eine Gleichung der Form (1.44), eben (2.23). Die linke Seite τ ist ein Maß für die Impulsstromdichte, und die rechte Seite dv_y/dx entspricht der thermodynamischen Kraft.

Für Gase läßt sich aus statistischen Überlegungen ein Wert für η berechnen (Brush 1970, Sommerfeld 1962). Zur Veranschaulichung seien einige Meßwerte für Gase und Flüssigkeiten in Tab. 2.5 wiedergegeben. Gase besitzen eine um Größenordnungen niedrigere Viskosität als Flüssigkeiten. Die Zähigkeit nimmt bei Gasen mit der Temperatur zu, bei Flüssigkeiten nimmt sie dagegen ab. Außerdem steigt die Viskosität mit der Konzentration. — Als Beispiel hinsichtlich des Zähigkeitsverhaltens biologi-

Tabelle 2.5

Ausgewählte Beispiele für den Koeffizienten der dynamischen Zähigkeit η mit Angaben zur Temperatur und Konzentration

O_2:	T/K	90	293	675
	$\eta/10^{-7}$ Pa s	69,1	203,0	369,3
H_2O (flüssig):	T/K	253	273	293
	$\eta/10^{-3}$ Pa s	4,330	1,798	1,003
wäßrige Saccharoselösung (20 °C)	c/Masse-%	20	40	60
	$\eta/10^{-3}$ Pa s	1,95	6,17	58,49

scher Flüssigkeiten seien abschließend Protein- und Zellsuspensionen bzw. Zellprotoplasmen erwähnt. Eine wäßrige Lösung mit 5 Masse-% Eiweiß besitzt bei Zimmertemperatur η-Werte in der Größenordnung von 10^{-3} Pa s. Dabei ist (2.23) mit konstantem η vorausgesetzt. Dies kann durch Rotation asymmetrischer Moleküle oder durch Deformation (Eigenviskosität des Moleküls) des statistischen Proteinmolekülknäuels (vgl. 2.1.1.1.) sehr fraglich werden. Beim Fließen von menschlichem Blut ist beispielsweise infolge Aggregation, Deformation und Orientierung der Zellen nicht mehr mit einem festen Wert für η in (2.23) zu rechnen. Die früher häufig angegebenen η-Werte von Protoplasma wurden durch diffizile Methoden, z. B. Messung der Fallgeschwindigkeit von Stärkekörnern in Zellen von Vicia faba, bestimmt. Auch hier zeigen sich die Grenzen des Ansatzes der Strömungsmechanik (2.23).

Auf Einzelheiten, die Zahlenangaben, Meßmethoden, Definition einer Vielzahl von Zähigkeitskenngrößen und verschiedenen Abweichungen von (2.23) betreffen, kann hier nur hingewiesen werden (Beier l. c., Fritsche u. a. 1976, Fung 1981, Glaser 1983, Morawetz 1965, Netter 1951, Neurath u. a. 1953a, Wolf u. a. 1980).

2.1.1.2.2.6. Reibungsverhältnis

Diese Größe wurde von Svedberg eingeführt. Es wird (2.8) einmal für nichtkugelförmige Teilchen (ohne Index, statt $6\pi\eta r$ wird f geschrieben) und ein zweites Mal für kugelförmige Teilchen (mit Index o, wobei gilt: $f_o = 6\pi\eta r$) aufgeschrieben. Durch Division beider Gleichungen ergibt sich das Reibungsverhältnis

$$f/f_o = D_o/D. \tag{2.24}$$

Es können nun f_o, D_o berechnet und D gemessen werden. Daraus folgt dann f, womit eine mögliche Aussage zur Molekülform (z. B. Linsen- oder Spindelform) von Proteinen gewonnen werden kann.

2.1.1.2.2.7. Löslichkeit

Die Löslichkeit spiegelt die Wechselwirkung zwischen gelöster Substanz (disperse Phase, hier Protein) und Lösungsmittel (Dispersionsmittel, hier im wesentlichen Wasser) wider. Daraus ergeben sich dann die thermodynamischen Eigenschaften der Lösung (Dispersion). Die Löslichkeit der Eiweiße hat zu der historisch bedeutsamen Einteilung in Albumine (in reinem Wasser lösliche und erst bei hohen Ammoniumsulfatkonzentrationen ausfällbare Proteine) und Globuline (in reinem Wasser nicht oder nur wenig lösliche und mit Ammoniumsulfat leicht ausfällbare Proteine) geführt. Die fraktionierte Fällung von Proteinen im Zusammenhang mit deren Löslichkeit hat zur Trennung und Einheitlichkeitsprüfung wegen der heute dazu benutzten Ultrazentrifuge nur noch geschichtlichen Wert.

Wird ein Protein sukzessive in Wasser gelöst, so ergibt sich im Idealfall die ausgezogene Kurve in Abb. 2.6, wenn die Konzentration c der gelösten Proteinmasse in Abhängigkeit von der Gesamteiweißkonzentration c_g aufgezeichnet wird. Durch den Knickpunkt ist die Löslichkeit c_s definiert. Weiterhin zugegebenes Eiweiß kann nicht mehr gelöst werden. Es setzt sich als Bodenkörper ab. Die die Löslichkeit definierende Sättigungskonzentration c_s wird in g mol^{-1}, mol l^{-1} oder in Masse-% angegeben. Es ist darauf zu achten, daß manchmal nicht der Bezug auf Gesamtvolumen bzw. -masse hergestellt, sondern die Größen des reinen Lösungsmittels benutzt werden. Die Löslichkeit hängt ab von der Temperatur, vom pH-Wert, von Elektrolytkonzentrationen usw. In der Praxis gewonnene Kurven haben den gestrichelten Verlauf in Abb. 2.6. Der Knickpunkt wird durch Verlängerung der jeweiligen Kurven-

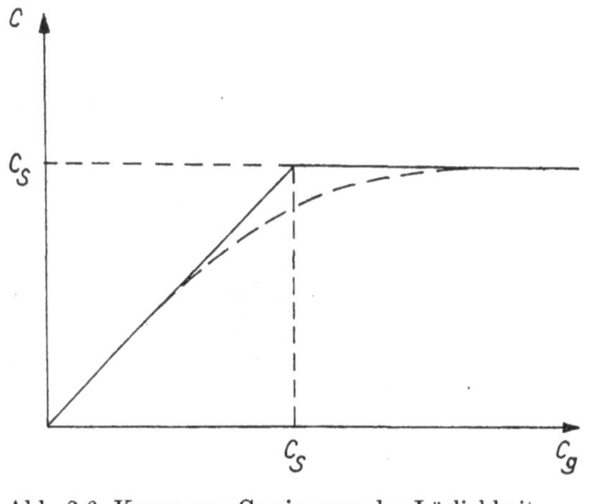

Abb. 2.6. Kurve zur Gewinnung der Löslichkeit

stücke gewonnen. — In vielen Fällen wird beim Lösungsvorgang Wärme benötigt, die der Umgebung entzogen wird. Eine Anwendung ist z. B. eine Kältemischung aus Ammoniumnitrat und Wasser (REIHLEN 1953). In diesen Fällen nimmt die Löslichkeit mit der Temperatur zu.

Es wird jetzt der Zusammenhang zur GIBBSschen Phasenregel (JOOS 1943, MÖBIUS, DÜRSELEN l. c.) hergestellt. Sie lautet

$$f = K - F + 2. \tag{2.25}$$

f = Zahl der Freiheitsgrade, K = Anzahl der Komponenten, F = Anzahl der Phasen (vgl. 1.2.). Anhand von Beispielen sei sie verdeutlicht. Für die Lösung von reinem Protein in reinem Wasser gilt $K = 2$. Wenn mit $F = 1$ nur eine Phase, nämlich flüssige Eiweißlösung vorliegt, gilt $f = 3$. Es sind frei wählbar Druck p, Temperatur T und Konzentration c (multivariantes Phasengleichgewicht). — Für $F = 2$ (flüssige Eiweißlösung und Wasserdampf) besteht eine von der Eiweißkonzentration abhängige Beziehung zwischen Dampfdruck (entspricht dem Druck, unter dem sich das Gesamtsystem befindet) und Temperatur. Das heißt, p, c oder p, T oder c, T sind frei wählbar, also $f = 2$ (bivariantes Phasengleichgewicht). — Für $F = 3$ (Eis, wäßrige Lösung, Wasserdampf) ergibt sich $f = 1$ (univariantes Phasengleichgewicht). Es existiert beispielsweise nur ein von der Konzentration (frei wählbar) abhängiges Wertepaar p und T, bei dem die drei Phasen koexistieren. — Für $F = 4$ (Eis, Wasserdampf, wäßrige Lösung, festes Eiweiß) ist $f = 0$ (in- oder nonvariantes Phasengleichgewicht): Alle drei Größen p, T, c liegen fest. Wird nur eine von ihnen geändert, verschwindet eine der vier Phasen.

Es wird jetzt das obige System aus wäßriger Eiweißlösung und festem Eiweiß mit $F = 2$ und $f = 2$ betrachtet. Die Größen p und T seien als Atmosphärendruck und Raumtemperatur vorgegeben. Sind beide auf diese Weise festgelegt, so liegt auf Grund der Phasenregel eindeutig $c = c_s$ fest, unabhängig von der Masse des Bodenkörpers.

Daß die Löslichkeit eines Stoffs in einem anderen nicht nur eine Funktion der Temperatur ist, wird für den Fall der Lösung von Gasen in Flüssigkeiten sichtbar (HÜCKEL 1957). Häufig gilt das HENRYsche Gesetz: Die Löslichkeit ist proportional dem Partialdruck des Gases über der Lösung (Selterswasser, Sekt). Die biologische Bedeutung wird für Wasserlebewesen z. B. anhand der Löslichkeit von Sauerstoff in Wasser deutlich.

Als Beispiel für die Löslichkeit von Gasen in Gasen wird die von

Wasserdampf in Luft genannt. Bei der Temperatur T sei der gerade herrschende Partialdruck des Wasserdampfs p_u (u = ungesättigt) und der entsprechende Sättigungsdruck p_s (es fällt dann gerade noch kein flüssiges Wasser in Form von Tau aus der Luft aus). Dann gilt für die relative Luftfeuchtigkeit φ in %:

$$\varphi = (p_u/p_s)\,100\,\%\,. \qquad (2.25\,\text{a})$$

Die Größe φ ist für viele Lebensphänomene ein bedeutsamer Einflußfaktor.

2.1.1.2.3. Wasser

Diese Substanz stellt nicht nur den größten Anteil bei fast allen Lebewesen (Qualle: 95%, menschlicher Embryo im zweiten Monat: 97%, Salatblätter: bis 95%) und Organen (Gehirn: 70%), sondern ist im biologischen Bereich Transport- und Lösungsmittel (z. B. für Proteine, vgl. 2.1.1.2.2.3.), in dem die physikalischen und chemischen Vorgänge (z. B. ATP-Bildung unter aktiver Wasserbeteiligung, vgl. 2.1.2.1.3.) in den Organismen ablaufen. Außerdem ist es insgesamt unersetzbares Lebensmilieu. Das beruht auch auf seinen thermischen Eigenschaften (Tab. 2.6). — Die Tripelpunkttemperatur des Wassers liegt definitionsgemäß bei 0,0100 °C. Wird der zugehörige Druckwert von 610,615 Pa nicht eingehalten, verschwindet eine der drei (Tripelpunkt!, vgl. Abb. 2.7) koexistierenden Phasen. Im Tripelpunkt gilt (vgl. 2.1.1.2.2.7.) mit $K = 1$ (nur Wasser) und $F = 3$ (Eis, flüssiges Wasser, Wasserdampf) $f = 0$ (p, T liegen fest, kein Freiheitsgrad). Für $F = 2$ ergibt sich $f = 1$, d. h., für die beiden jeweils vorliegenden Phasen folgt bei gewählter Temperatur für das System aus Eis/Wasserdampf der Druck aus der Sublimationskurve, für das aus Eis/flüssigem Wasser aus der Schmelzkurve und für das aus flüssigem Wasser/Wasserdampf aus der Dampfdruckkurve. Im Phasendiagramm (vgl. Phasendiagramme von reinen Stoffen und Stoffgemischen: MÖBIUS, DÜRSELEN l. c., PAUFLER 1981) des Wassers in Abb. 2.7 können drei Phasen in einem Punkt und zwei Phasen auf einer Kurve existieren. Eine Phase kann jeweils in einem flächenhaften Gebiet existieren. Erwähnt sei noch, daß ein System aus Eis und flüssigem Wasser ein ausgezeichneter Thermostat mit 0 °C ist, solange beide Phasen vorhanden sind. Wird in Tab. 2.6 der Druck als atmosphärischer Druck festgelegt, ergibt sich die übliche

Tabelle 2.6

Ausgewählte thermodynamische Kenngrößen von Wasser

Tripelpunkttemperatur (bei $p = 610{,}615$ Pa)	T_{tr}/K	273,16
Gefriertemperatur (bei $p = 1{,}01325 \cdot 10^5$ Pa)	T_S/K	273,15
Siedetemperatur (bei $p = 1{,}01325 \cdot 10^5$ Pa)	T_K/K	373,15
spezifische Schmelzwärme (bei $p = 1{,}01325 \cdot 10^5$ Pa, $T = 273{,}15$ K)	q_S/J g^{-1}	335
spezifische Verdampfungswärme (bei $p = 1{,}01325 \cdot 10^5$ Pa, $T = 373{,}15$ K)	q_K/J g^{-1}	2260
spezifische Wärmekapazität (bei $p = 1{,}01325 \cdot 10^5$ Pa, $T = 273{,}15$ K)	c/J K^{-1} g^{-1}	4,22
Wärmeleitfähigkeit (bei $T = 293{,}15$ K)	λ/J m^{-1} K^{-1} h	2153,66
Dichte (bei $p = 1{,}01325 \cdot 10^5$ Pa, $T = 293{,}15$ K)	ϱ/g cm^{-3}	0,9982

Gefrier- (oder Schmelz-) temperatur des Wassers bzw. seine Kondensations- (oder Siede-) temperatur. Diese Werte sind im Vergleich zu analogen Verbindungen ((H_2O), H_2S, H_2Se, H_2Te bzw. CH_4, NH_3, (H_2O), HF, Ne) recht hoch. Dies hängt mit den in 2.1.1.1. genannten über Wasserstoffbrücken gebildeten Clustern zusammen.

Beim Schmelzen des Eises und Verdampfen des Wassers wird Wärme aus der Umgebung benötigt, die umgekehrt beim Gefrieren und Kondensieren wieder frei wird. Es handelt sich um die in Tab. 2.6 angegebene Schmelz- bzw. Verdampfungswärme. Der große Wert von q_K sorgt bei Tieren und Landpflanzen für eine effektive Temperaturregulation infolge Verdunstung und wird bei der Heißdampfsterilisation in Autoklaven ausgenutzt (Wasserdampf von 120 °C ist effektiver als Luft von gleicher Temperatur).

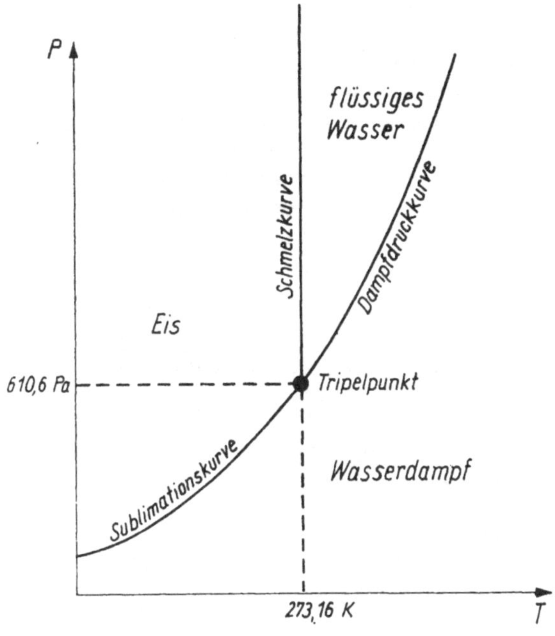

Abb. 2.7. Phasendiagramm des Wassers

Andererseits hat auch der relativ große q_S-Wert biologische Bedeutung, denn ein Auftauen der Polkappen unserer Erde hätte für das irdische Leben verheerende Folgen. Außerdem können gefrostete Lebensmittel in bestimmten Grenzen von der Kühltruhe der Verkaufsstelle in die des eigenen Haushalts gebracht werden, ohne Auftauen.

Die spezifische Wärmekapazität c, die sich als 1 cal g^{-1} K^{-1} bei 15 °C besonders leicht merken läßt, ist im Vergleich zu anderen Stoffen (Aluminium: 0,884, Harnstoff: 1,54, Äthanol: 2,34 J g^{-1} $\times K^{-1}$) mit 4,18 J g^{-1} K^{-1} groß. Damit ist bei Lebewesen auch ein gewisser Schutz gegen Überhitzung gegeben. Die durch den c-Wert des Wassers bedingte geringere Temperaturschwankung der Ozeane im Vergleich zum Festland hat auch Bedeutung für die Biosphäre.

Die Wärmeleitfähigkeit des Wassers ist im Vergleich zu Metallen zwar gering, aber bzgl. anderer Flüssigkeiten groß, so daß bei Wärmebelastung von Lebewesen infolge Wärmeleitung (biologisches Gewebe zeigt keine Wärmekonvektion) ein gewisser Überhitzungsschutz gewährleistet ist. Andererseits bewirkt der λ-Wert des Wassers beispielsweise bei verunglückten Seeseglern häufiger den Tod durch Erfrieren als durch Erstickung.

Der Dichtewert des Wassers ist nicht so interessant wie seine Variation mit der Temperatur (Tab. 2.7). Wasser hat bei 3,98 °C seine größte Dichte (Dichteanomalie des Wassers). Wasser von ca. 4 °C ist am schwersten und sinkt nach unten. Damit ist ein Überwintern des Lebens bei 4 °C am Grunde der Gewässer möglich, solange kein Durchfrieren bis zum Grunde stattfindet.

Tabelle 2.7
Dichte des Wassers in Abhängigkeit von der Temperatur bei $p = 1{,}01325 \cdot 10^5$ Pa

T/°C	ϱ/g cm³	T/°C	ϱ/g cm³
0,0	0,999841	4,5	0,999971
1,0	0,999900	5,0	0,999965
2,0	0,999941	6,0	0,999941
3,0	0,999965	7,0	0,999902
3,5	0,999971	8,0	0,999849
4,0	0,999973		

2.1.2. *Gleichgewichtsthermodynamik*

Im folgenden wird die Gleichgewichtsthermodynamik auf biochemische Reaktionen (Harrison 1961 l. c., Klotz 1971) und andere biologisch wichtige molekulare Vorgänge angewendet. Die reversiblen Vorgänge sind dabei eine Folge von Gleichgewichtszuständen. Gl. (1.21) spielt keine Rolle. Ausgangspunkt sind (1.32) und (1.29). In (1.29) wird die Enthalpie eingeführt:

$$H = pV + E. \tag{2.26}$$

Damit ergibt sich

$$G = H - TS. \tag{2.27a}$$

Diese Gleichung kann nach H aufgelöst werden:

$$H = G + TS. \tag{2.27b}$$

Dabei stellt G die freie Enthalpie dar, d. h. alle die Energieanteile eines Systems, die in andere Energieformen umgewandelt werden können. Dagegen stellt $T \cdot S$ den Anteil der gebundenen Energie dar, der nicht „nutzbringend" umgewandelt werden kann. Da bei biologischen Vorgängen, aber nicht nur bei diesen, Isothermie herrscht und statt der absoluten Größen immer nur Differenzen interessieren, wird aus (2.27a) und (2.27b):

$$\Delta G = \Delta H - T\Delta S \quad \text{bzw.} \quad \Delta H = \Delta G + T\Delta S\,. \tag{2.28}$$

Alle Größen werden hier definitionsgemäß positiv gezählt, wenn es sich vom System aus gesehen um „Einnahmen" handelt. Es werden nach den Vorzeichen vier Vorgänge unterschieden:

$$\Delta G > 0 \quad \text{endergonischer Prozeß,} \tag{2.29a}$$

$$\Delta G < 0 \quad \text{exergonischer Prozeß,} \tag{2.29b}$$

$$\Delta H > 0 \quad \text{endothermer Prozeß,} \tag{2.29c}$$

$$\Delta H < 0 \quad \text{exothermer Prozeß.} \tag{2.29d}$$

Die letzten beiden Bezeichnungen beziehen sich auf die vom System aufgenommene bzw. abgegebene Wärmemenge Q. Bei endothermen Prozessen, die isobar ablaufen, gilt nämlich

$$\Delta H = p \cdot \Delta V + V \cdot \Delta p + \Delta E = p \cdot \Delta V + \Delta E = Q > 0 \tag{2.29e}$$

(vgl. (1.16) und (1.8)). Man sprach früher von „negativer Wärmetönung", weil der Versuchsansteller bzw. die Umgebung Wärme bereitstellen müssen, damit der Prozeß abläuft. Umgekehrt wird bei „positiver Wärmetönung" vom System wegen $\Delta H = Q < 0$ Wärme an die Umgebung abgegeben. Entscheidend für den spontanen (freiwilligen) Ablauf einer chemischen Reaktion ist aber nicht das Vorzeichen von ΔH, sondern das von ΔG. Dabei ist ΔG die vom System maximal abgebbare Arbeit (vgl. Bemerkung nach Gl. (1.36)). Exergonische Prozesse laufen spontan ab, während sich endergonische Prozesse nur durch Zufuhr von freier Enthalpie erzwingen lassen. Thermodynamische Systeme haben also von sich aus immer das Bestreben, nach (1.32) minimale freie Enthalpie anzunehmen: G_E am Ende des Vorgangs ist immer kleiner als G_A am Anfang.

Zur Illustration wird jetzt die bereits am Ende von 1.2. erwähnte „Knallgasreaktion" besprochen, die für die biologische Energetik eine zentrale Rolle (Atmungskette) spielt:

$$H_2 + 1/2\,O_2 \rightarrow H_2O\,. \tag{2.30}$$

Unter Standardbedingungen (meist $T = 298$ K, $p = 101300$ Pa, $c = 1$ mol l^{-1}; gekennzeichnet durch hochgestellten Index °) gilt:

$$\Delta H^\circ = -284\,\text{kJ}, \quad T \cdot \Delta S^\circ = -46\,\text{kJ}, \quad \Delta G^\circ = -238\,\text{kJ}. \tag{2.31}$$

Bei der Bildung von 1 mol flüssigem Wasser werden 284 kJ als Wärme frei, d. h., der Vorgang ist exotherm. Ferner ist die Reaktion exergonisch: Maximal 238 kJ können in Form von Nutzarbeit (z. B. elektrische Energie einer galvanischen Kette) abgegeben werden. In diesem Fall werden nur 46 kJ als Wärme frei. Die Reaktion läuft wegen $\Delta G^\circ < 0$ unter geeigneten Bedingungen, die wohl jeder Interessierte schon einmal realisiert hat, mit plötzlicher Wärme- und Geräuschentwicklung spontan ab. In biologischen Systemen wird sie mit Hilfe von Enzymen in viele Einzelschritte zerlegt, damit die Energie nicht „verpufft".

Ein zweites Beispiel betrifft den in 2.1.1.2.3. erwähnten Vorgang des Gefrierens von Wasser:

$$(H_2O)_{\text{flüssig}} \underset{\text{Schmelzen}}{\overset{\text{Erstarren}}{\rightleftharpoons}} (H_2O)_{\text{fest}}. \tag{2.32}$$

Es gelten für drei Temperaturen folgende Werte für das Erstarren:

	−10 °C	0 °C	+10 °C	
ΔH/J	−5621,8	−6111,1	−6400,4	
ΔS/JK^{-1}	−20,6	−21,8	−23,4	(2.33)
$T \cdot \Delta S$/J	−5408,3	−6111,1	−6626,4	
ΔG/J	−213,5	0	226,0	

Der von $p \cdot V$ in (2.26) herrührende Term ist bei Änderungen vernachlässigbar, so daß gilt $\Delta H \approx \Delta E$. Wäre also allein das Streben nach möglichst geringer Energie ausschlaggebend, so müßte bei allen drei Temperaturen ein spontanes Gefrieren des Wassers stattfinden. Da die Abnahme von E bei +10 °C am größten ist, müßte in diesem Falle das Gefrieren am leichtesten eintreten. In der Natur wird das nicht beobachtet. Es ist also nicht ΔE, sondern ΔG maßgebend. Dieses ist aber bei +10 °C positiv. Ein Erstarren findet also nicht statt. Dagegen geschieht es bei −10 °C spontan, weil ΔG negativ ist (exergonischer Vorgang). Trotz des negativen ΔE kann Wasser bei +10 °C nicht gefrieren, weil der Beitrag $T \cdot \Delta S$ überwiegt. Dies wird durch die erhebliche Abnahme ΔS der Entropie bedingt. Das feste Wasser (Eis) befindet sich in einem höher geordneten Zustand als das flüssige. Der Übergang zu höherer Ordnung, d. h. zum kristallinen Eis, entspricht einer Entropieerniedrigung (vgl. (1.65), 2. und 2.1.). Für den umgekehrten Vorgang des Schmelzens kehren sich die Vorzeichen in (2.33) um. Für +10 °C ergibt sich dann zwangsläufig das in der Natur beobachtete Schmelzen des Eises. Obwohl eine Erhöhung der inneren Energie ($\Delta E > 0$) nötig ist, wird durch den überwiegenden Entropieterm mit seiner Erhöhung der Unordnung die Änderung der freien Enthalpie negativ ($\Delta G < 0$), womit das Eis schmilzt. Es handelt sich dabei um einen endothermen (Wärmezufuhr von außen, d. h. $\Delta H \approx \Delta E \approx Q > 0$), aber exergonischen Prozeß. LAUFFER 1975 spricht in diesem Zusammenhang von entropiegetriebenen Prozessen: Ein großes $\Delta S > 0$ bedingt ein $\Delta G < 0$. Sie spielen eine erhebliche Rolle im molekularen und zellularen Geschehen der Biologie.

Im Rahmen der Beschreibung biologischer Vorgänge mittels der Gleichgewichtsthermodynamik spielen jedoch auch Vorgänge mit $\Delta S < 0$ eine Rolle (vgl. dagegen die in 2.1.3. ausgeführte, durch Entropieexport bedingte Entropieerniedrigung im Rahmen der Nichtgleichgewichtsthermodynamik in offenen Systemen). Deshalb seien im molekularen Bilde einige Beispiele für Möglichkeiten der Entropieerniedrigung in Abb. 2.8 schematisch dargestellt: (a) Verkleinerung der Teilchenzahl, (b) Erniedrigung der Teilchengeschwindigkeit, (c) Zusammenschluß von Teilchen zu größeren Einheiten (Erhöhung der Ordnung durch Clusterbildung), (d) „Linearisierung" eines geknäuelten Makromoleküls, (e) Verkleinerung des Volumens. Die Fälle (c) bis (e) sind bei Proteinmolekülen von Bedeutung.

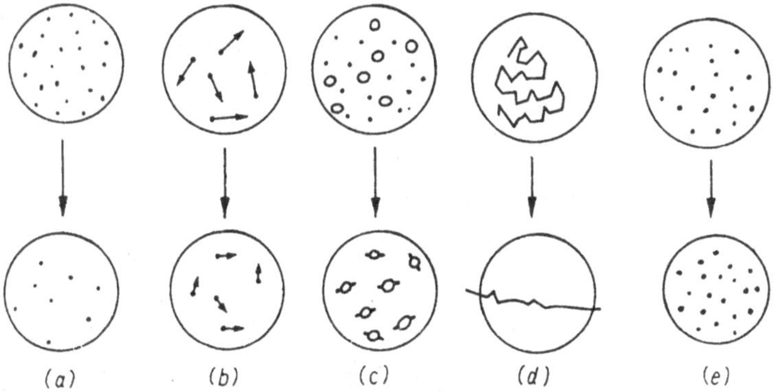

Abb. 2.8. Möglichkeiten zur Erniedrigung der Entropie

Die bisherigen Ausführungen zur Bilanzierung von G, H und S bezogen sich auf die Vorgänge selbst. Häufig ist es so, daß diese aber erst dann ablaufen können, wenn eine gewisse Reaktionsschwelle überschritten wird. Dazu muß ein bestimmter Betrag ΔG_A, die sogenannte freie Aktivierungsenthalpie, bereitgestellt werden. Diese setzt sich ebenfalls aus der Aktivierungsenthalpie und der Aktivierungsentropie ΔH_A und ΔS_A zusammen. Für Vorgänge des Typs (d) aus Abb. 2.8 sind diese Größen z. B. in BANKS u. a. 1972 an Proteinen gemessen worden. Eine als Kompensationsgesetz bezeichnete lineare Beziehung zwischen ΔH_A und ΔS_A ist dort diskutiert.

2.1.2.1. *Biochemische Reaktionen*

Einige Beispiele und die dazu notwendigen Grundlagen werden im folgenden erläutert.

2.1.2.1.1. *Standardbedingungen und Konzentrationsabhängigkeit für ΔG*

Für pH = 0 werden die Bezeichnungen ΔG bzw. ΔG° verwendet (Standardbedingungen wie bei (2.31)). Für pH = 7 (physiologische Bedingung) gelten die Symbole: $\Delta G'$ und $\Delta G^{\circ\prime}$. Wird eine Reaktion

$$A + B \leftrightarrows C + D \tag{2.34}$$

in homogener Lösung betrachtet, so bedeuten die Pfeile in beiden Richtungen die Einstellung des thermodynamischen Gleichgewichts (auch bei Antigen-Antikörper-Reaktionen benutzt man diese Schreibweise, ECKERT u. a. 1978). Es wird jeweils ein Mol aller Reaktionspartner umgesetzt. Wird (1.34) für die Endprodukte (G_E) und für die Ausgangsprodukte (G_A) aufgeschrieben, so läßt sich unter Berücksichtigung von (1.38) die Differenz bilden:

$$\begin{aligned}\Delta G = G_\text{E} - G_\text{A} &= 1\,\text{mol}\,[\bar{\mu}_C + \bar{\mu}_D - \bar{\mu}_A - \bar{\mu}_B]\\ &= 1\,\text{mol}\left[\left(\bar{\mu}_C{}^0 + \bar{r}T\ln\frac{c_C}{c_C{}^0}\right) + \left(\bar{\mu}_D{}^0 + \bar{r}T\ln\frac{c_D}{c_D{}^0}\right)\right.\\ &\quad\left. - \left(\bar{\mu}_A{}^0 + \bar{r}T\ln\frac{c_A}{c_A{}^0}\right) - \left(\bar{\mu}_B{}^0 + \bar{r}T\ln\frac{c_B}{c_B{}^0}\right)\right].\end{aligned} \tag{2.35}$$

Mit $c_k^0 = 1 \text{ mol l}^{-1}$ wird daraus:

$$\begin{aligned} \Delta G &= 1 \text{ mol} [\bar{\mu}_C^0 + \bar{\mu}_D^0 - \bar{\mu}_A^0 - \mu_B^0 + \bar{r}T \\ &\quad \times (\ln c_C + \ln c_B - \ln c_A - \ln c_B)] \\ &\equiv \Delta G^0 + 1 \text{ mol } \bar{r}T \ln \frac{c_C \cdot c_D}{c_A \cdot c_B} \end{aligned} \tag{2.36}$$

mit

$$\Delta G^0 = 1 \text{ mol} (\bar{\mu}_C^0 + \bar{\mu}_D^0 - \bar{\mu}_A^0 - \bar{\mu}_B^0) \tag{2.37}$$

als freier molarer Standardreaktionsenthalpie. Es ergibt sich in einem bestimmten stationären Zustand eines offenen Systems $c_A = c_B = c_C = c_D = 1 \text{ mol l}^{-1}$ (im thermodynamischen Gleichgewicht ist dies nur für ganz spezielle Reaktionen denkbar) mit

$$\bar{r}T \ln 1 = 0, \qquad \text{d. h.} \qquad \Delta G = \Delta G^0. \tag{2.28}$$

Für nichtideale Lösungen sind in (2.36) die Aktivitäten, die kleiner als die Konzentrationen sind, einzusetzen (vgl. nach (1.38)).

2.1.2.1.2. *Bestimmung von ΔG*

Messung und Berechnung von ΔG und ΔG^0 werden jetzt erläutert (Zahlenwerte für ΔG^0 bei biochemischen Reaktionen vgl. z. B. RAUEN l. c.). Im folgenden angegebene Werte beziehen sich auf den Molumsatz: Umsetzung von 1 Mol der fraglichen Substanz.

2.1.2.1.2.1. *Berechnung von ΔG^0 mittels der freien Bildungsenthalpie ΔG_B^0*

Beispielsweise errechnet sich für die Bildung von L-Alanin in wäßriger Lösung ein $\Delta G_B^0 = -371{,}86$ kJ aus den Werten für die Elemente, die in der Reaktionsgleichung stehen:

$$\begin{aligned} &3\text{C (Graphit)} + 3\,\frac{1}{2}\ \text{H}_2 \text{ (gasförmig)} + \text{O}_2 \text{ (gasförmig)} \\ &\qquad + \frac{1}{2}\ \text{N}_2 \text{ (gasförmig)} \rightarrow \text{L-Alanin.} \end{aligned} \tag{2.38a}$$

Im Gegensatz zum Wasserstoff (vgl. 2.1.2.) liefert der Kohlenstoff keinen wesentlichen Beitrag zum biologischen Energiehaushalt. Trotzdem ist der Kohlenstoffweg in der Endstufe des Tricarbonsäure(Krebs-Martius- oder Citrat- oder Zitronensäure-)-Zyklus von umfassender biologischer Bedeutung. Deshalb wird ein Teilschritt dieses Zyklus (Rapoport 1977, Reinbothe 1975) als Beispiel für die Berechnung von ΔG^0 angeführt, die Umwandlung von Fumarsäure ($Fumarat^{2-}$) in Äpfelsäure ($Malat^{2-}$):

$$\begin{aligned} &HOOC-CH=CH-COOH + H_2O \\ &\rightarrow HOOC-CHOH-CH_2-COOH\,. \end{aligned} \tag{2.39}$$

Für die Werte von $\Delta G_B{}^0$ bei der Bildung von $Fumarat^{2-}$, Wasser bzw. $Malat^{2-}$ aus den Elementen ergibt sich aus der Rechnung −605,08 kJ, −237,53 kJ bzw. −846,30 kJ. Damit wird für den Molumsatz $\Delta G^0 = (-846{,}30 + 605{,}08 + 237{,}53)\ \text{kJ} = -3{,}69\ \text{kJ}$. Das heißt, (2.39) ist exergonisch, kann also spontan ablaufen.

2.1.2.1.2.2. *Berechnung von ΔG^0 aus ΔH^0 und ΔS^0*

Grundlage ist (2.28), aufgeschrieben mit dem Index ^{0}. Als Beispiel dient:

	DL-Leucin (fest) +	Glycin (fest)	
$\Delta H_B{}^0$/kJ	−645,93	−530,71	
S_0/J/K	207,41	107,01	(2.40)
	→ DL-Leucylglycin (fest) +	H_2O (flüssig)	
	−867,75	−286,26	
	281,57	70,01	

(Werte für die Bildungsenthalpien und -entropien $\Delta H_B{}^0$ und S^0 z. B. Landolt-Börnstein 1961, D-Ans-Lax l. c.). Damit wird

$$\Delta H^0 = \big(-867{,}75 - 286{,}26 - (-645{,}93 - 530{,}71)\big)\ \text{kJ} = 22{,}63\ \text{kJ},$$

$$\Delta S^0 = \big(281{,}57 + 70{,}01 - (207{,}41 + 107{,}01)\big)\ \text{J/K} = 37{,}16\ \text{J/K},$$

also für 1 Mol bei $T = 298$ K nach (2.28): $\Delta G^0 = \Delta H^0 - T\Delta S^0 = (22{,}63 - 11{,}03)\ \text{kJ} = 11{,}6\ \text{kJ}$. Die Reaktion ist endergonisch, läuft also nicht freiwillig ab. – Auf ein weiteres Beispiel für eine aus Rechnung und Messung zusammengesetzte Bestimmung von ΔG^0 bei einer exergonischen Reaktion sei nur hingewiesen (Bahr u. a. 1965).

In diesem Zusammenhang wird abschließend die Photosynthese erwähnt. Die Bruttogleichung der Dunkelreaktion (CO_2-Assimilation ohne Lichteinwirkung) lautet:

$$6\,CO_2 + 6\,H_2O \rightarrow C_6H_{12}O_6 + 6\,O_2\,,$$

abgekürzt:

$$CO_2 + H_2O \rightarrow CH_2O + O_2\,. \tag{2.41}$$

Aus den Bindungsenergien in kJ mol^{-1} von 465 (H—O), 802 (C=O in CO_2), 744 (C=O in CH_2O), 418 (C—H), 498 (O=O) ergibt sich bei Berücksichtigung von 1 Mol erzeugter Glukose (Faktor 6) $\Delta H^0 = 2736$ kJ. Dagegen wird bei Verbrennung von 1 Mol Glukose

$$\Delta H^0 = 2822\,\text{kJ} \tag{2.41a}$$

gemessen (nicht exakte Berücksichtigung der Bindungsverhältnisse in Glukose bei der obigen Rechnung). Dieser Wert wird oft fälschlicherweise für ΔG^0 angegeben. Wiessner 1975 gibt richtig an:

$$\Delta G^0 = 2872\,\text{kJ}\,. \tag{2.42}$$

Daraus folgt

$$T \cdot \Delta S^0 = \Delta H^0 - \Delta G^0 = -50\,\text{kJ}\,. \tag{2.43}$$

Das negative Zeichen entspricht also einer Entropieverminderung

$$\Delta S^0 = -0{,}168\,\text{kJ K}^{-1} \tag{2.44}$$

bei $T = 298$ K, wobei die Erzeugung von 1 Mol Glukose durch Photosynthese zugrunde liegt (Werte nach Draeger 1983 aus Huffmann u. a. 1938; vgl. auch Douglas u. a. 1951, Kawaizumi u. a. 1981).

2.1.2.1.2.3. *Berechnung von ΔG^0 aus der Gleichgewichtskonstanten K*

Im thermodynamischen Gleichgewicht halten sich in (2.34) Hin- und Rückreaktion die Waage. Es gilt $\Delta G = 0$. Aus (2.36) folgt dann:

$$\Delta G^0 = -1\,\text{mol}\,\bar{r}T \ln \frac{\bar{c}_C \cdot \bar{c}_D}{\bar{c}_A \cdot \bar{c}_B} \equiv -1\,\text{mol}\,\bar{r}T \ln K\,, \tag{2.45}$$

wobei

$$K = \frac{\tilde{c}_C \cdot \tilde{c}_D}{\tilde{c}_A \cdot \tilde{c}_B} \tag{2.45a}$$

das Massenwirkungsgesetz mit der Gleichgewichtskonstanten K ist. Die Schlangenlinie deutet jeweils den Gleichgewichtswert der Konzentration an. Zum Beispiel wird für die Umwandlung von Glukose-1-Phosphat in Glukose-6-Phosphat (Teilschritt der Glykolyse) bei 25 °C und pH = 7 ein K von 17 gemessen. Daraus folgt $\Delta G^0 = -7{,}021$ kJ. Die Transphosphorylierung durch das Enzym Phosphoglucomutase läuft also spontan ab. — Ein weiteres illustratives Beispiel, was auch durch die benutzten Extinktionsmessungen experimentell-methodisch interessant ist, findet man bei BRANDTS 1964: Denaturierung von Chymotrypsinogen. Für pH = 1,7 und 38 °C stehen native und denaturierte Form im Gleichgewicht: $K = 1$ und $\Delta G^0 = 0$.

2.1.2.1.2.4. *Berechnung von ΔG^0 aus dem Standard-Redoxpotential*

Es gilt (vgl. auch 2.1.2.2.)

$$\Delta G^0 = -nF\Delta E^0. \tag{2.46}$$

n = Zahl der übertragenen Elektronen, F = FARADAY-Konstante = 96487 C = 96487 J V^{-1}, ΔE^0 = Änderung des Redoxpotentials (in V) bei der Reaktion. Nach (2.46) ergibt die spontane Reduktion von Ferricytochrom f_c mit $E^0 = 365$ mV durch Ferrocytochrom f_c mit $E^0 = 254$ mV ein $\Delta G^0 = -10{,}6$ kJ aus $\Delta E^0 \approx 0{,}11$ V (RAUEN l. c.) für den Molumsatz.

2.1.2.1.2.5. *Berechnung von ΔG- bzw. $\Delta G'$-Werten*

Es ist jetzt von Standardbedingungen der Konzentrationen (1 mol l^{-1}) umzurechnen. Für die anaerobe Energiebereitstellung im Muskel ist die Umwandlung von Glukose in Milchsäure (Glykolyse) verantwortlich:

$$2\,C_6H_{12}O_6 \rightarrow 4\,C_3H_6O_3. \tag{2.47}$$

Bei pH = 7 gilt nach RAPOPORT l. c. unter Standardbedingungen $\Delta G^{0\prime} = -196{,}9$ kJ. Es wird $\Delta G'$ für physiologische Bedingungen $c_M = 0{,}001$ mol l^{-1} (Milchsäure) und $c_G = 0{,}005$ mol l^{-1} (Glukose) bei 40 °C gesucht. Nach (2.36) ergibt sich eine exergonische Reaktion:

$$\Delta G' = \Delta G^{0\prime} + 1\,\text{mol}\,\bar{r}T \ln \frac{c_M \cdot c_M}{c_G} = -219{,}1\,\text{kJ}\,, \tag{2.48}$$

die einen größeren Energiegewinn als bei Standardkonzentrationen gibt.

Noch drastischer ist es nach Burk 1931 bei der Stickstoffassimilation durch die Knöllchenbakterien der Leguminosen. Sie verläuft nach

$$2\,N_2 + 5\,O_2 + 2\,H_2O \rightarrow 4\,H^+ + 4\,NO_3^-\,. \tag{2.49}$$

$\Delta G^{0\prime}$ hat einen Wert von $+7{,}73$ kJ. Die Reaktion kann demnach nicht stattfinden. In Wirklichkeit läuft sie aber im Fließgleichgewicht bei Nitratkonzentrationen von 10^{-4} mol l^{-1} ab, d. h., $\Delta G'$ ist dann negativ.

2.1.2.1.3. *Gruppenübertragungspotentiale und Kopplungsreaktionen*

Adenin (A)-Ribose (R)-Triphosphat (P) oder Adenosintriphosphat (ATP) ist für das gesamte Stoffwechselgeschehen als Energiespeicher von hervorragender Bedeutung. Dies beruht auf der „energiereichen Bindung" (Reinbothe l. c.) zwischen dem terminalen Phosphorsäurerest und dem Restmolekül. Man spricht besser von einem wirksamen Gruppenübertragungspotential. Quantitativ wird dies durch den Wert von $\Delta G^{0\prime} = -32{,}2$ kJ ($p = 10^5$ Pa, $T = 298$ K, Konzentrationen 1 mol l^{-1}, pH $= 7$) bei Übertragung der Phosphatgruppe von ATP auf Wasser gemäß (die energiereiche Bindung entspricht der Schlangenlinie)

$$\text{A}-\text{R}-\text{P}{\sim}\text{P}{\sim}\text{P} + H_2O \rightarrow \text{A}-\text{R}-\text{P}{\sim}\text{P} + \text{P} \tag{2.50}$$

ausgedrückt. Für physiologische Konzentrationsverhältnisse, bei denen auf 10 Teile ATP ein Teil Adenosindiphosphat (ADP $=$ A$-$R$-$P$\sim$P) kommt, wird gemäß (2.36) $\Delta G' = -49{,}3$ kJ (das Argument des Logarithmus ist 10^{-3} bei einer Konzentration des Orthophosphats P von 0,01 mol l^{-1}). Diese Energie kann z. B. genutzt werden, wenn Glukose in Glukose-6-Phosphat transformiert wird. Dazu sind $\Delta G^{0\prime} = 12{,}6$ kJ erforderlich. Man spricht in solchen Fällen von gekoppelten Reaktionen. Eine endergonische Reaktion (Phosphorylierung der Glukose) kann stattfinden, weil gleichzeitig eine exergonische Reaktion (Hydrolyse des ATP nach (2.50)) mit überschüssiger freier Enthalpie abläuft. Unter Standardbedingungen ist auch in einem thermodynamisch ökonomischen Einzelschritt eine Direktübertragung des Phosphatrestes von ATP auf Glukose ohne den Zwischenträger Wasser möglich. Dabei wird immer noch eine verbleibende Energie von (32,2 — 12,6) kJ = 19,6 kJ freigesetzt. In ähnlicher Weise kann ATP auch andere Reaktionen antreiben. Zum Beispiel wird die Bildung des Acetyl-Coenzyms A („aktive Essigsäure") als Eingangssubstanz in den Citratzyklus ebenfalls durch ATP-Hydrolyse (hier zu Adenosinmonophosphat und Pyrophosphat) angetrieben (JONES 1953, STERN u. a. 1951). Die energiereiche Bindung der aktiven Essigsäure wird durch Schwefel, nicht durch Phosphor vermittelt. Die Gesamtenergiebilanz ist bei dieser Kopplungsreaktion Null. — Eine Übertragung von Methylgruppen mittels ATP (CANTONI 1953) und die Komplexbildung von ATP mit Proteinen (SUBRAMANIAN u. a. 1975) seien hier nur erwähnt.

Abschließend sei auf die zentrale Rolle von ATP bei der Photosynthese hingewiesen. Hier handelt es sich um lichtinduzierte ATP-Bildung (Photophosphorylierung). Ihr geht ein diffiziler Ladungstrennungsmechanismus auf der Basis der chemiosmotischen Hypothese voraus (MITCHELL 1966, ROHDE u. a. 1980). Nach CHERNAVSKY u. a. 1975 wirkt dabei eine lichtgetriebene „Protonenpumpe", die außerhalb der Thylakoidmembran des Chloroplasten eine pH-Erhöhung bewirkt. Beim Rückfluß der Protonen aus dem Innenraum wird dann das für den gesamten Photosyntheseablauf (HOFFMANN 1975, 1980) nötige ATP gebildet. Bei der Forschung zur Klärung dieser Probleme wurden unter anderem die Quantenmechanik und die Gleichgewichtsthermodynamik eingesetzt.

2.1.2.1.4. *Entropische Verbindung*

Damit ist die Erscheinung gemeint, die im allgemeinen mit hydrophober Bindung bezeichnet wird. Beispielsweise behindert eine apolare und damit hydrophobe Seitenkette in einer Aminosäure deren spontanen Übergang aus alkoholischer Lösung in wäßrige. Die dazu nötige freie Transferenthalpie ΔG_T^0 ist positiv. Sie berechnet sich gemäß

$$\Delta G_T{}^0 = 1 \text{ mol } \bar{r} T \ln \frac{c_{s,\text{Alk}}}{c_{s,\text{H}_2\text{O}}}. \tag{2.51}$$

Dabei sind $c_{s,\text{Alk}}$ und $c_{s,\text{H}_2\text{O}}$ die Sättigungskonzentrationen der Aminosäure in Alkohol und Wasser (Löslichkeit in 2.1.1.2.2.7.). Isoleucin besitzt einen Wert von $\Delta G_T{}^0 = 12{,}44$ kJ (weitere Werte bei NOZAKI u. a. 1963 und TANFORD 1962). Der molekulare Vorgang ist folgender. Wassermoleküle weisen die hydrophobe Gruppe ab. Dadurch kommt es zu einer Scheinverbindung („Polymerisation", entropische Verbindung) der Aminosäuremoleküle untereinander. Das führt zu einer höher geordneten Struktur des Wassers, die mit einer Entropieabnahme verbunden ist ($\Delta S^0 < 0$). Die Folge ist nach (2.28) ein $\Delta G_T{}^0 > 0$. Für Proteine gilt Analoges.

2.1.2.2. *Physikochemische Vorgänge von biologischer Relevanz*

Die hydrophobe Bindung des voranstehenden Abschnitts kann als eine Übergangserscheinung zu den im folgenden zu besprechenden Phänomenen aufgefaßt werden. Auch für sie alle gilt, daß für spontanes Geschehen die Abnahme der freien Enthalpie eine hinreichende Bedingung ist.

2.1.2.2.1. *Osmotischer Druck*

Diese Erscheinung wurde 1877 von dem Botaniker PFEFFER mit einem ausgehöhlten Rettich, in dem sich, dicht eingesetzt ein nach oben verlaufendes Glasrohr und $CuSO_4$-Lösung befanden, nachgewiesen. Wird der Rettich in ein Gefäß mit Wasser gebracht, so steigt der Flüssigkeitsspiegel im Glasrohr unter geeigneten Bedingungen so lange, bis der Rettich platzt. Der Versuch, mit entsprechend langem Glasrohr im großen Hörsaal durchgeführt, ist beeindruckend. Dem osmotischen Druck liegt der irreversible Vorgang der Diffusion zugrunde. Die Gleichgewichtsthermodynamik reicht jedoch zur quantitativen Erfassung aus. Hier wird zur Erläuterung ein mittlerer Weg eingeschlagen (vgl. Abb. 2.2). Jetzt seien die beiden Teilvolumina durch eine Membran getrennt. Sie läßt auf Grund ihrer Porenweite nur die Lösungsmittelmoleküle der rechten Seite hindurchtreten (semipermeable Membran nach 2.2.1.1.1.). Wieder besteht das Bestreben des diffusiven Konzentrationsausgleichs. Dies geschieht in diesem Falle durch Verdünnen der Lösung im linken Teilvolumen. Obwohl eine Sogwirkung nach links bzgl. des Lösungsmittels auftritt, herrscht dort ein Druck der Moleküle der gelösten Substanz. Zur Berechnung des durch die höhere Konzentration entstehenden osmotischen Drucks wendet man die Vorstellung von VANT'T HOFF an, nach der sich die Moleküle der gelösten Substanz in entsprechender Verdünnung wechselwirkungsfrei wie die eines idealen Gases verhalten. Gemäß (1.6) ergibt sich dann

$$p_{Os} = n \frac{\bar{r}T}{V}. \tag{2.52}$$

Weil n/V die Molarität darstellt, ist also der osmotische Druck direkt proportional der Konzentration der Lösung, aber unabhängig von der gelösten Substanz. Im PFEFFERschen Versuch kann p_{Os} direkt aus der Höhe h der Flüssigkeitssäule als Schweredruck $p_s = \varrho g h$ (ϱ = Dichte der Flüssigkeit, $g = 9{,}81\ \mathrm{m\,s^{-2}}$) abgelesen werden, wenn diese zum Stillstand gekommen ist. Man nennt analog aufgebaute Meßvorrichtungen Osmometer.

Osmose als Transport zwischen zwei Phasen durch eine dritte Phase (vgl. 2.2.1.) spielt im gesamten Naturgeschehen eine große Rolle, in der Biologie vom intrazellulären Bereich (zwischen Vakuolen und Protoplasma) über den interzellulären (zwischen Zellen eines Gewebes), über den organismischen (Wassertransport in hohe Bäume) bis hin zum biozönotischen (Wanderung von Arten zwischen voneinander getrennten ökologischen Arealen) Bereich. Ein weiteres Beispiel betrifft das intravenöse Spritzen einer physiologischen Kochsalzlösung bei größeren Blutverlusten (bei einer Tonsillenektomie vom Verfasser noch selbst erlebt). Sie muß 0,9%ig sein, damit kein Schrumpfen oder Platzen der Erythrozyten infolge Osmose eintritt.

2.1.2.2.2. *Gefriertemperaturerniedrigung*

Mit den durch gelöste Substanzen hervorgerufenen osmotischen Erscheinungen hängen Siedetemperaturerhöhung und Gefriertemperaturerniedrigung zusammen. Letztere ist für die Biologie von größerer Bedeutung. In diesem Zusammenhang soll etwas über Phasenübergänge gesagt werden.

2.1.2.2.2.1. Phasenübergänge

In Abb. 2.7 war das Phasendiagramm für Wasser dargestellt. Der Phasenübergang fest—gasförmig (Sublimation) hat für die Biologie insofern Bedeutung, als durch die sogenannte Gefriertrocknung biologisches Material getrocknet und damit konserviert werden kann, ohne durch Wärmezufuhr zerstört zu werden. Der Probe wird unter Vakuum die Flüssigkeit entzogen. Da sie die Verdampfungswärme dazu selbst aufbringen muß, gefriert sie. Im gefrorenen Zustand muß sie dann die Summe aus Schmelz- und Verdampfungswärme als Sublimationswärme aufbringen, obwohl der flüssige Zustand gar nicht angenommen wird. Ein Beispiel dafür, daß thermodynamische Gesetzmäßigkeiten des Gleichgewichts unabhängig vom Weg der Zustandsänderung gelten. — Der Phasenübergang fest—flüssig (Erstarren und Schmelzen, vgl. (2.32)) hat erhebliche biologische Bedeutung, z. B. bzgl. der Frostempfindlichkeit von Blüten und Gehölzen (vgl. 3.2.2.3.), aber auch bzgl. des Schmelzens von DNS in 2.1.1.2.1.2. (Genese von Krebszellen durch Hitzeeinwirkung).

Die bisher erwähnten Phasenübergänge werden als solche erster Art bezeichnet. Bei ihnen haben am Umwandlungspunkt die beiden nebeneinander koexistierenden Phasen den gleichen Wert der molaren freien Enthalpie (Leuschner 79). Man erhält diese Größe, wenn die freie Enthalpie G durch die Anzahl vorhandener Mole einer Komponente in einer Phase dividiert wird. Für ideale Mischungen, natürlich auch im Falle einer Komponente (z. B. reines Wasser) ist diese Größe gleich der partiellen molaren freien Enthalpie $\bar{\mu}$ in (1.34). Im Falle des Übergangs flüssig—gasförmig bei Wasser hat also G selbst einen stetigen Verlauf, während nach (1.36) die Ableitung von G nach dem Druck p, die dem Volumen V entspricht, am Umwandlungspunkt unstetig ist. Wasserdampf der gleichen Masse hat ein größeres Volumen als flüssiges Wasser. In Leuschner 79 ist das große Potential $\Omega = -p \cdot V$ angegeben. Es ist in Abb. 2.9 in Abhängigkeit vom Volumen gezeichnet. Man erkennt ein Übergangsgebiet, keinen Übergangspunkt vom Zustand 1 zum Zustand 2. Der Übergang erfolgt mit Energieänderung (Verdampfungswärme) in Abhängigkeit von einem internen Parameter. — Demgegenüber sind Phasenübergänge zweiter Art durch einen Übergangspunkt gekennzeichnet. Bei ihnen sind die thermodynamischen Potentiale und deren erste Ableitung stetig. Erst die höheren Ableitungen zeigen Sprünge (Kluge, Neugebauer 1976). Der Übergang erfolgt also ohne Energie-

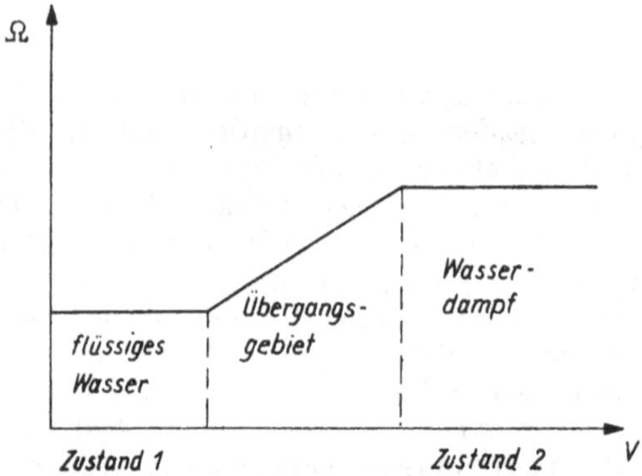

Abb. 2.9. Schematische Abhängigkeit des großen Potentials $\Omega = -p \cdot V$ vom Volumen V für Wasser

änderung in Abhängigkeit von einem externen Parameter. In der Biologie findet man viele Analogien zu den Phasenübergängen, z. B. bei der Evolution der Arten (vgl. 4.3.1.).

2.1.2.2.2.2. *Phasenübergänge bei Lösungen*

Verdampfen beim Übergang flüssig—gasförmig einer Lösung nur Lösungsmittelmoleküle, so werden diese an ihrem Übergang in die Dampfphase durch die Moleküle des gelösten Stoffs infolge „Anziehung" behindert. Die damit verbundene Dampfdruckerniedrigung bewirkt eine Siedetemperaturerhöhung. Die notwendige größere kinetische Energie der Lösungsmittelmoleküle zum Verlassen der Lösung kann dann aufgebracht werden (vgl. (1.64)).

Analoges gilt für den Übergang flüssig—fest bei einer Lösung. Es resultiert eine Gefriertemperaturerniedrigung, weil die Moleküle der gelösten Substanz gewissermaßen die Kristallbildung des Lösungsmittels behindern. Die quantitative Berechnung geht wieder von der Gleichheit der Potentiale in der festen (reines Lösungsmittel) und flüssigen (Lösung) Phase aus. Das entspricht der Forderung nach verschwindender Variation von G:

$$\delta G = \left(\frac{\partial G}{\partial n_{\mathrm{L}}{}^{\mathrm{f}}}\right) \delta n_{\mathrm{L}}{}^{\mathrm{f}} + \left(\frac{\partial G}{\partial n_{\mathrm{L}}{}^{\mathrm{fl}}}\right) \delta n_{\mathrm{L}}{}^{\mathrm{fl}}$$

$$= \bar{\mu}_{\mathrm{L}}{}^{\mathrm{f}} \delta n_{\mathrm{L}}{}^{\mathrm{f}} + \bar{\mu}_{\mathrm{L}}{}^{\mathrm{f}} \delta n_{\mathrm{L}}{}^{\mathrm{fl}} = 0 \qquad (2.53)$$

unter der Nebenbedingung (Erhaltung der Menge des Lösungsmittels)

$$\delta n_L{}^f + \delta n_L{}^{fl} = 0 . \tag{2.54}$$

Dabei bezieht sich der Index L auf das Lösungsmittel, die oberen Indizes f bzw. fl bedeuten fest bzw. flüssig. Die weitere Rechnung ergibt (z. B. KLUGE, NEUGEBAUER 1976 l. c.) das RAOULTsche Gesetz:

$$T - T_L = \frac{\bar{r}T^2}{\bar{q}^{f\,fl}} \cdot \frac{n_G{}^{fl}}{n_L{}^{fl}} \tag{2.55}$$

T = Gefriertemperatur der Lösung, T_L = Gefriertemperatur des Lösungsmittels, $\bar{r}$ = universelle Gaskonstante, $\bar{q}_{f\,fl}$ = Erstarrungswärme, $n_G{}^{fl}$ = Stoffmenge der gelösten Substanz, $n_L{}^{fl}$ = Stoffmenge des Lösungsmittels. Wegen $\bar{q}_{f\,fl} < 0$ wird

$$T < T_L . \tag{2.56}$$

Dieser Mechanismus der Gefriertemperaturerniedrigung (kolligatives Phänomen) bewirkt beispielsweise das Überleben mehrjähriger Pflanzen im Winter. Durch rigorose Wasseranteilerniedrigung wird im Sproßsystem eine hochkonzentrierte Lösung mit entsprechend niedriger Gefriertemperatur geschaffen (weitere Mechanismen mit ähnlichem Effekt vgl. 2.1.2.3.).

2.1.2.2.3. *Molekülstrukturänderungen*

In 2.1.2.2.1. und 2.1.2.2.2. wurden Wechselwirkungen zwischen Molekülen als Ursache für die Effekte erkannt. Jetzt wird eine thermische Erscheinung erwähnt, bei der Wechselwirkungen innerhalb des Moleküls den Effekt hervorrufen. Es geht um die von PARODI u. a. 1973 untersuchte Denaturierungstemperatur von z. B. Lysozym. Diese nimmt in wäßrigen Alkohollösungen in der Reihe C_3H_7OH, C_2H_5OH, CH_3OH zu, während sie für jede einzelne Substanz mit steigender Konzentration abnimmt. Die Erklärung erfolgt auf Grund der Umwandlung der geordneten (molekülinterne Wasserstoffbrückenbindung) globulären Struktur der Proteine in ungeordnete Knäuels. Außerdem wird die Umstrukturierung der Wassermoleküle eine Rolle spielen (vgl. 2.1.2.1.4.).

2.1.2.2.4. Physikochemische Vorgänge auf der Basis von Übertragungspotentialen

Das bereits in 2.1.2.1.2.4. genannte Redoxpotential soll jetzt in einen weiteren thermodynamischen Zusammenhang gestellt werden. Eine Übertragung von atomaren Einheiten kann sich beziehen auf: charakteristische Gruppen (vgl. 2.1.2.1.3.: energiereiche Bindung), Elektronen (Redoxpotential = elektrisches Potential in Volt = ΔE^0), Protonen (Azidität = dimensionslose Maßzahl für die Konzentration = pK). Eine Zusammenfassung ist in Tab. 2.8 gegeben. X entspricht dem jeweiligen Rest, an dem sich die „atomaren" Einheiten befinden. Für das Proton H^+ und die Phosphorylgruppe PO_4 dient Wasser als Akzeptor und für das Elektron das H-Ion. H_3O^+ wird als Hydroniumion bezeichnet. Die Größen ΔE^0 und pK sind historisch bedingt. Das exakte thermodynamische Maß ist für Standardbedingungen ΔG^0.

Zum Redoxpotential sei folgendes ausgeführt. Zwei unterschiedlich konzentrierte Lösungen (c_1 und c_2) eines Salzes des Metalls Me seien durch eine für Me-Ionen durchlässige Membran getrennt. In jede Lösung taucht eine Me-Elektrode. Zwischen beiden wird eine Potentialdifferenz ΔE gemessen. Verbindet man beide, so

Tabelle 2.8

Schematische Übersicht zum Gruppen-, Elektronen- und Protonenübertragungspotential (e = Elektron, X = Trägermolekül, mittels dessen die charakteristische Übertragung erfolgt)

charakteristisches Potential	ausführliche Gleichung mit Akzeptor	gekürzte Gleichung	Zusammenhang mit anderen Größen
Gruppenübertragungspotential	$X \sim PO_4 + H_2O \rightarrow X{-}OH + HPO_4$	$X \sim PO_4 \rightarrow X + PO_4$	ΔG^0
Elektronenübertragungspotential	$X + H^+ \rightarrow X^+ + 1/2\,H_2$	$X \rightarrow X^+ + e$	$\Delta E^\circ = \frac{\Delta G^0}{n \cdot F}$
Protonenübertragungspotential	$XH + H_2O \rightarrow X^- + H_3O^+$	$XH \rightarrow X^- + H^+$	$pK = \frac{\Delta G^0}{2{,}303 rT}$

fließt ein Elektronenstrom der Ladung q, dessen Arbeit A durch

$$A = q \cdot \Delta E \tag{2.57}$$

gegeben ist (JAWORSKI, DETLAF 1977). Diese Arbeit entspricht der Differenz der freien Enthalpie der beiden Lösungen. Letztere ist beim Transport von 1 mol Ionen mit (1.38)

$$\Delta G = 1\,\text{mol}(\bar{\mu}_1 - \bar{\mu}_2) = 1\,\text{mol}\,\bar{r}T \ln \frac{c_1}{c_2}. \tag{2.58}$$

Sind die Ionen n-fach geladen, wird $q = n \cdot F$ (FARADAY-Konstante, s. o. bei (2.46)). Gleichsetzen von (2.57) und (2.58) ergibt die NERNST-Gleichung für die Potentialdifferenz einer chemischen Konzentrationskette:

$$\Delta E = -1\,\text{mol}\,\frac{\bar{r}T}{nF} \ln \frac{c_1}{c_2}. \tag{2.59}$$

Handelt es sich um verschiedene Substanzen in Lösung, die keine Standardkonzentrationen aufweisen, so gilt

$$\Delta E = \Delta E^0 + \frac{\bar{r}T}{nF} \ln \frac{c_{\text{ox}}}{c_{\text{red}}}. \tag{2.60}$$

ΔE^0 = Potentialdifferenz unter Standardbedingungen, c_{ox} = Konzentration der oxydierten Substanz, c_{red} = Konzentration der reduzierten Substanz. — Die dargestellten Verhältnisse werden in realen biologischen Systemen infolge des Kontakts vieler verschiedener Lösungen und auf Grund des Ablaufs chemischer Reaktionen wesentlich komplizierter. Als Beispiel dafür sei das Elektronentransportschema der Photosynthese erwähnt (Abb. 2.10). Es stellt den Weg der Elektronen vom Elektronendonator Wasser — Schlüsselreaktion der Photosynthese ist die Photolyse des Wassers — über zwei Lichtreaktionen zum Reduktionsäquivalent NADPH (hydriertes Nikotinamiddinukleotidphosphat bildet die Grundlage der CO_2-Reduktion zu Glukose) dar. Die durch einen Stern gekennzeichnete Anregung (gestrichelte Pfeile) der Chlorophyllmoleküle Chl a_{I} und Chl a_{II} durch Lichtquanten $h \cdot \nu$ (h = PLANCKsches Wirkungsquantum, ν = Frequenz des Lichts) entspricht einem stark negativen Redoxpotential. Die Elektronen „fließen bergab" (ausgezogene Pfeile) von niedrigen (große negative Werte) zu hohen Redoxpotentialen (CALVIN 1959, LIBBERT 1979, RABINOWITSCH 1959, RENGER 1977, RICHTER 1971 l. c., WIESSNER l. c.).

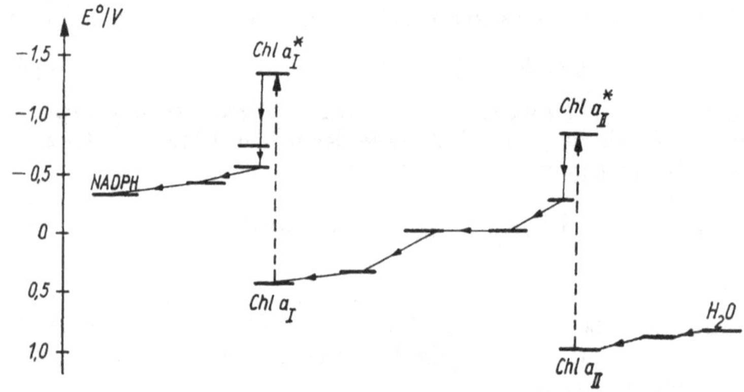

Abb. 2.10. Elektronentransportschema der Photosynthese (die Bezeichnung der durch Striche angedeuteten Elektronenakzeptoren bzw. -donatoren ist fortgelassen)

2.1.2.3. Molekularstatistische Interpretation zur Gleichgewichtsthermodynamik

Gemäß 1.4. wird jetzt etwas zur molekular-statistischen Begründung von 2.1.2.1. und 2.1.2.2. gesagt. Die über den Ablauf der Vorgänge entscheidende Größe ΔG in (2.28) setzt sich wegen des negativen Vorzeichens aus zwei gegeneinander wirkenden Termen zusammen: Energieterm ΔH und Entropieterm $T \cdot \Delta S$. Von der Änderung der Energie eines Systems ist immer eine Änderung der Wahrscheinlichkeit (vgl. (1.65)) zu subtrahieren. — Zum Schmelzen des Eises (2.32) ist im molekularstatistischen Bild folgendes zu sagen. Obwohl der Vorgang bei 0 °C wegen $\Delta H = 6\,111{,}1$ J nicht möglich wäre, findet er wegen der Entropieänderung statt. Die thermodynamische Wahrscheinlichkeit W als Verhältnis von Aufenthaltswahrscheinlichkeiten an beliebigen Raumpunkten des zur Verfügung stehenden Volumens (vgl. (1.53)) hat für flüssiges Wasser einen viel größeren Wert als für festes. Dies liegt an der größeren Bewegungsfreiheit der Moleküle im flüssigen Wasser.

Beim Erstarren andererseits gestattet die Molekularstatistik einen weiteren Effekt zu erklären. Die amerikanische Winterflunder Pseudopleuronectus americanus (Rychly 1978) kann mit einem speziellen Antigefrierprotein im Blut bei −1,9 °C leben.

Durch statistische Zwischenlagerung von Molekülen (Entropieterm!, vgl. z. B. auch LEUSCHNER 1968 l. c.) dieses Proteins kann keine dichte Folge von Wassermolekülen in einem Eiskristall entstehen. Hervorgerufen wird dies durch gleiche Abstände zwischen Theonin- und Aspartatresten in Seitengruppen des Glykoproteins und zwischen Sauerstoffatomen der Wassermoleküle.

Ein weiteres Beispiel liefert die Denaturierung von Proteinen durch „Entknäueln" (vgl. 2.1.2.2.3. und Abb. 2.8 (d)). In der nativen Form hat jeder Aminosäurebaustein eine feste und unbewegliche Lage. Bei Entfaltung entstehen durch Befreiung von Bindungskräften zusätzliche Orientierungsmöglichkeiten. Ein Aminosäurebaustein hat gemäß der Polypeptidkette ...—NH—CHR—CO—NH—CHR—CO—... (R = organischer Rest) drei kovalente Bindungen. Wird jeder Bindungsarm angenommenermaßen mit nur zwei möglichen Orientierungen angesetzt, so ergeben sich pro Aminosäurebaustein 2^3 neue mögliche Orientierungen. Bei N' Bausteinen ergibt sich nach (1.65) eine Entropieerhöhung von

$$S = N' \cdot k \cdot \ln 2^3 . \qquad (2.61)$$

Für ein Mol Protein ist die BOLTZMANN-Konstante k durch (1.6a) zu ersetzen. Die Abschätzung liefert für $N' = 100$ und 27 °C einen Wert von $T \cdot \Delta S = 534 \text{ kJ mol}^{-1}$, ein recht erheblicher Beitrag zur Änderung der freien Enthalpie.

Zwei Beispiele zur Photosynthese sollen die molekularstatistischen Betrachtungen zur Gleichgewichtsthermodynamik abschließen. Dazu folgende Vorbemerkung. Die Energie eines Atoms oder Moleküls kann nur ganz bestimmte (diskrete oder gequantelte) Werte annehmen (vgl. HEBER, WEBER 1960). Ein Elektron besitzt im Atom nur die durch Striche in Abb. 2.11 angedeuteten Energieniveaus. Analoges gilt für die Energie der Schwingung, Rotation und Translation zweiatomiger Moleküle.

Auf dieser Grundlage kann das von CHERNAVSKAYA u. a. 1981 entwickelte Modell zur Funktion der „makromolekularen Maschine" des Bakteriorhodopsins (BR), das Einblick in die Primärprozesse der Photosynthese vermittelt, verstanden werden. Ein spezieller thermodynamischer Aspekt sei herausgegriffen. Im Verlaufe einer zyklischen Mehrschrittfolge finden Energieverschiebungen für Elektronen und Protonen des BR statt, so daß Übergänge zwischen den Energieniveaus durch Tunneleffekt (HEBER, WEBER l. c.)

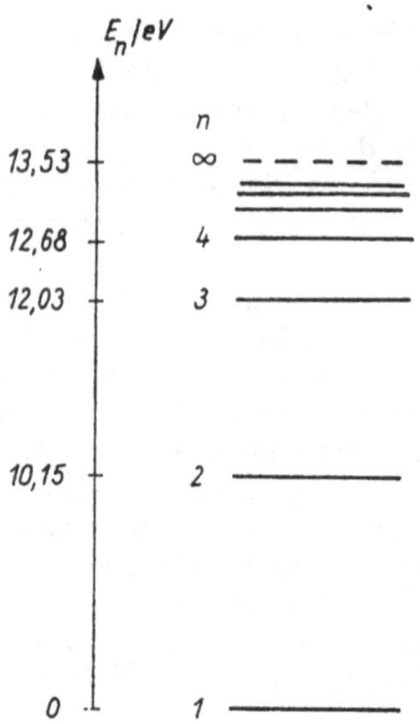

Abb. 2.11. Energieniveaus E_n und Hauptquantenzahl n (im BOHRschen Atommodell Nummer der Kreisbahn von innen nach außen) für das Wasserstoffatom (13,5 eV entspricht der Ionisierungsenergie des H-Atoms im Grundzustand)

stattfinden können. Diese verhindern ein Dissipieren von photosynthetisch aufgenommener Strahlungsenergie in Wärmeenergie.

Ein weiteres Beispiel betrifft ein Zwei-Niveau-Modell des Chlorophylls (Chl). Mittels eines kinetischen Ansatzes (KNOX 1969) gelangt man über die Betrachtung des stationären Zustands zur Gleichgewichtssituation bei der Wechselwirkung eines Strahlungsfeldes aus Lichtquanten mit den beiden angenommenen Energieniveaus (Grundzustand und angeregter Zustand) des Chl. Dabei wird das BOLTZMANNsche Theorem für die Besetzungszahlen angewendet. Auf dieser Basis wird dann eine grobe Abschätzung der theoretisch maximal möglichen Effektivität der Photosynthese (Anteil der in chemische Arbeit umwandelbaren Strahlungsenergie) zu ungefähr 70% (!) vorgenommen.

2.1.3. *Kinetik und irreversible Prozesse*

Wie Hinweise in 2.1.1. und 2.1.2. zeigten, ist die Trennung von Gleichgewichts- und Nichtgleichgewichtsthermodynamik, insbesondere hinsichtlich bestimmter biologischer Anwendungsfälle, nicht immer exakt durchführbar. Trotzdem soll sie auf molekularem Niveau versucht werden, indem in diesem Abschnitt die

Nichtgleichgewichtsthermodynamik gesondert behandelt wird, nachdem in 2.1.2. die Gleichgewichtsthermodynamik besprochen wurde. Dabei läßt sich im Hinblick auf die Biochemie die Problematik der irreversiblen Prozesse einschließlich der dissipativen Strukturen nur im Zusammenhang mit der chemischen Kinetik abhandeln. Deshalb wird in 2.1.3.1. diese zuerst dargestellt, bevor in 2.1.3.2. die irreversible Thermodynamik eingeführt wird. Den Abschluß bilden in 2.1.3.3. einige Bemerkungen zur mikroskopischen Interpretation der Nichtgleichgewichtsthermodynamik (Nichtgleichgewichtsstatistik, physikalische Kinetik).

2.1.3.1. *Chemische Kinetik*

Sie beschäftigt sich mit dem zeitlichen Ablauf der chemischen Reaktionen und mit den diesen beeinflussenden Faktoren. Dabei wird sie häufig unberechtigterweise aus dem Problemkreis der Thermodynamik gänzlich ausgeklammert. Sie hat für die chemische Industrie und insbesondere auch für die Biologie (Verständnis komplexer Reaktionen; Modellierung in der Biotechnologie) größte Bedeutung. Die folgenden Ausführungen betreffen die Grundlagen, die Enzymkinetik und den Zusammenhang von kinetischen und thermodynamischen Größen (Brdička 1977, Kehlen u. a. 1977, Netter 1959 l. c., Romanovsky u. a. 1974)

2.1.3.1.1. *Chemische Kinetik — allgemeine Grundlagen*

Es werden zwei Reaktionen mit unterschiedlicher Anzahl von Endprodukten betrachtet. Als erste die aus (2.34), nämlich

$$A + B \rightarrow C + D \qquad (2.62)$$

und als zweite

$$A + B \rightarrow E\,. \qquad (2.63)$$

In beiden Reaktionen wechselwirken jeweils zwei Moleküle der Stoffe A und B, wenn sie aufeinandertreffen. Die Wahrscheinlichkeit dafür wird um so größer, je größer die Konzentration, d. h., je größer die Molarität, d. h., je größer die Anzahl der Moleküle in der Volumeneinheit ist. Die Reaktionsgeschwindigkeit sei w und die Konzentrationen c_A und c_B. Dann gilt mit der Geschwindigkeitskonstanten k für die Reaktion 2. Ordnung (2 Molekülarten reagieren miteinander, die Summe der Exponenten der Konzentrationen auf der rechten Seite ist 2) das folgende Zeitgesetz (kinetische Gleichung):

$$w = \frac{\mathrm{d}c_A}{\mathrm{d}t} = \frac{\mathrm{d}c_B}{\mathrm{d}t} = kc_A c_B. \tag{2.64}$$

Es enthält keine Aussagen über das Verhalten einzelner Moleküle. Vielmehr gibt es einen Mittelwert wieder, weil nur Konzentrationen auftreten. Weitere Voraussetzungen sind: Die Reaktion verläuft im homogenen System (eine Phase: Flüssige Mischphase oder Gasmischphase), die Rückreaktion wird vernachlässigt. Dies bedeutet, daß das Gleichgewicht sehr stark nach rechts verschoben ist (in (2.62) und (2.63) ist nur der „Hin"-Pfeil eingetragen). Im Gleichgewicht liegen nur End- und keine Ausgangsprodukte mehr vor. In diesem Sinne sind chemische Reaktionen ausgeprägt irreversible Prozesse. Die Geschwindigkeitskonstante k gilt demzufolge nur für die Hinreaktion. Sie hängt von der Temperatur (kinetische Energie der aufeinandertreffenden Moleküle) und von den beiden Molekülarten ab (quantenchemisches Wechselwirkungsverhalten). Sie ist ein Maß für die Wahrscheinlichkeit, daß zwei aufeinandertreffende Moleküle miteinander reagieren.

Für $A = B$ gilt:

$$A + A \rightarrow E \tag{2.65}$$

und

$$w = \frac{\mathrm{d}c_A}{\mathrm{d}t} = kc_A^2. \tag{2.66}$$

Eine systematische Reihenfolge der Reaktionen nach ihrer Ordnung sieht anhand schematischer Beispiele folgendermaßen aus.

0. Ordnung:

$$A \rightarrow A, \tag{2.67}$$

$$w = k. \tag{2.68}$$

Es treten Substanzen mit konstanter Geschwindigkeit in den Reaktionsraum ein und auch wieder aus.

1. Ordnung (Zerfallsreaktion):

$$A \rightarrow B + C, \tag{2.69}$$

$$w = kc_A. \tag{2.70}$$

3. Ordnung:

$$A + B + C \to E, \tag{2.71}$$

$$w = kc_A c_B c_C. \tag{2.71a}$$

In Wirklichkeit wird sich zunächst ein Übergangskomplex bilden:

$$A + B \to D, \tag{2.72}$$

der dann mit C reagiert.

Abschließend eine Bemerkung zur experimentellen Bestimmung der Geschwindigkeitskonstanten k. Verlaufen die Reaktionen langsam, so läßt sich w in (2.64) direkt bestimmen und bei ebenfalls gemessenem c_A und c_B die Größe k ermitteln. Anders liegen die Dinge bei sehr schnellen Reaktionen (Reaktionszeiten von 10^{-9} s), wie etwa bei Enzymreaktionen des folgenden Abschnitts. Dann müssen Relaxationsmessungen nach einer schnellen Störung des Gleichgewichts z. B. durch plötzliche Temperaturerhöhung (Funkenentladung) durchgeführt werden (SPATZ 1974, Nobelpreis 1967 für MANFRED EIGEN). Bis zu welcher Perfektion bei diffizilem Aufwand solche Methodik getrieben werden kann, zeigt z. B. die Dissertation von VEIL 1975.

2.1.3.1.2. *Enzymkinetik*

Die aus Koenzym (nichteiweißartiger Bestandteil) und Apoenzym (eiweißartiger Bestandteil) zusammengesetzten Enzyme (vgl. einzelne Proteine in 2.1.1.2.2.) wirken bei biochemischen Reaktionen katalytisch, indem sie die Aktivierungsenergie ΔE_A herabsetzen (Abb. 2.12). Damit z. B. das Substrat S (z. B. Glukose-1-Phosphat) in das Endprodukt (Glukose-6-Phosphat) gemäß

$$S \to P \tag{2.73}$$

übergehen kann (vgl. 2.1.2.1.2.3.), muß vorher die Aktivierungsenergie zugeführt werden, obwohl die Reaktion exergonisch ($\Delta G < 0$) ist und spontan verläuft. In vivo läuft die Reaktion ab, wenn die Aktivierungsenergie durch das Enzym Phosphoglucomutase erniedrigt wurde. Ohne das Enzym haben viel zu wenige Moleküle eine ausreichende Energie zum Reagieren (vgl. (1.62) mit E als kinetischer Energie). Bei Anwesenheit des Enzyms E bildet sich zunächst ein Enzym-Substrat-Komplex ES gemäß:

$$E + S \underset{k_1'}{\overset{k_1}{\rightleftharpoons}} ES. \tag{2.74}$$

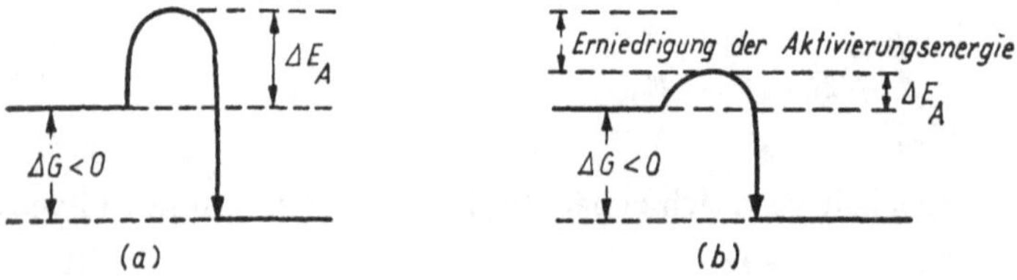

Abb. 2.12. Aktivierungsenergie ΔE_A ohne Enzym (a) und mit Enzym (b). Jeweils links der Anfangs- und rechts der Endzustand der Reaktion. ΔG bleibt durch das Enzym ungeändert. Der Reaktionspfeil ist zur Verdeutlichung der Energiebarriere als Bogen gezeichnet.

(Reaktion 2. Ordnung, die reversibel verlaufen soll: Die Geschwindigkeitskonstante der Rückreaktion sei k_1'). Dieser Komplex ES besitzt eine niedrigere Aktivierungsenergie und zerfällt deshalb leicht gemäß der irreversiblen Reaktion 1. Ordnung

$$ES \xrightarrow{k_2} P + E \tag{2.75}$$

in das Endprodukt P und das regenerierte Enzym E. Als Zwischenschritt kann man sich die Reaktion

$$ES \to EP \tag{2.76}$$

vorstellen. Die zu (2.74) und (2.75) gehörigen kinetischen Gleichungen lauten:

$$\frac{\mathrm{d}c_S}{\mathrm{d}t} = -k_1 c_E c_S + k_1' c_{ES}, \tag{2.77}$$

$$\frac{\mathrm{d}c_E}{\mathrm{d}t} = -k_1 c_E c_S = k_1' c_{ES} + k_2 c_{ES}, \tag{2.78}$$

$$\frac{\mathrm{d}c_{ES}}{\mathrm{d}t} = k_1 c_E c_S - k_1' c_{ES} - k_2 c_{ES}, \tag{2.79}$$

$$\frac{\mathrm{d}c_P}{\mathrm{d}t} = k_2 c_{ES}. \tag{2.80}$$

Addition von (2.78) und (2.79) liefert

$$\frac{\mathrm{d}}{\mathrm{d}t}(c_E + c_{ES}) = 0 \tag{2.81}$$

oder nach Integration mit der Integrationskonstanten $c_{E,0}$:

$$c_{E,0} = c_E + c_{ES}, \tag{2.82}$$

d. h., die Summe aus freiem und gebundenem Enzym ist wegen der vollständigen Regenerierung des Enzyms konstant.

Einsetzen von (2.82) in (2.79) ergibt:

$$\frac{\mathrm{d}c_E}{\mathrm{d}t} = k_1(c_{E,0} - c_{ES})\,c_S - k_1'c_{ES} - k_2c_{ES}$$

$$= k_1c_{E,0}c_S - c_{ES}(k_1c_S + k_1' + k_2). \tag{2.83}$$

Im stationären Fall, in dem gleich viele Moleküle *ES* gebildet werden wie zerfallen, gilt

$$\frac{\mathrm{d}c_{ES}}{\mathrm{d}t} = 0, \tag{2.84}$$

d. h., mit (2.83) folgt

$$k_1c_{E,0}c_S = c_{ES}(k_1c_S + k_1' + k_2).$$

Für die stationäre Konzentration (oberer Index *s*) ergibt sich also

$$c_{ES}^s = \frac{c_{E,0} \cdot c_S k_1}{k_1c_S + k_1' + k_2} = \frac{c_{E,0} \cdot c_S}{\frac{k_1' + k_2}{k_1} + c_S} \equiv \frac{c_{E,0} \cdot c_S}{K_M + c_S} \tag{2.85}$$

mit

$$K_M \equiv \frac{k_1' + k_2}{k_1} \tag{2.86}$$

als MICHAELIS-MENTEN-Konstante. Zeitlich konstantes c_{ES}^s kann erreicht werden, wenn erstens dem Reaktionssystem (z. B. Zelle) ständig Substrat nachgeliefert wird oder wenn zweitens $c_S \gg c_{E,0}$. Letzteres ist in vitro immer erfüllbar und in vivo meist erfüllt ($c_S \approx 10^{-2} \dots 10^{-3}$ mol l^{-1} und $c_{E,0} \approx 10^{-5} \dots 10^{-6}$ mol l^{-1}). In beiden Fällen ändert sich c_S im Beobachtungszeitraum nur wenig. — Wird zusätzlich noch für das Enzym zeitlich konstante (wieder oberer Index *s* für stationär) Konzentration angenommen, so folgt aus (2.78)

$$\frac{\mathrm{d}c_E}{\mathrm{d}t} = -k_1c_Ec_S + k_1'c_{ES} + k_2c_{ES} = 0 \tag{2.87}$$

und

$$k_1c_Sc_E + k_1'c_{ES}^s = -k_2c_{ES}^s. \tag{2.88}$$

Die kinetischen Gleichungen für Substrat bzw. Produkt (2.77) bzw. (2.80) können damit unter Beachtung von (2.85) in

$$\frac{dc_S}{dt} = -k_2 c_{ES}^s = -\frac{k_2 c_{E,0} c_S}{K_M + c_S} \tag{2.89}$$

bzw.

$$\frac{dc_P}{dt} = \frac{k_2 c_{E,0} c_S}{K_M + c_S} = -\frac{dc_S}{dt} \tag{2.90}$$

umgeformt werden. (2.90) gibt die Massenerhaltung wieder. Sie stellt gleichzeitig die MICHAELIS-MENTEN-Kinetik (MMK) im Fließgleichgewicht dar und wurde früher als der allgemeinste Fall einer Enzymkinetik angesehen. HILL u. a. 1977 konnten jedoch in einer über 10 Jahre währenden Studie zeigen, daß von ca. 800 Enzymen nur die wenigsten dieser Kinetik folgen. Obwohl also in Wirklichkeit die Kinetik vieler Enzyme komplexer ist, wurde zur Demonstration die übersichtliche MMK gewählt. Sie läßt sich mit der Reaktionsgeschwindigkeit w umschreiben in:

$$\frac{dc_P}{dt} = w = w_{\max} \frac{c_S}{K_M + c_S} \tag{2.91}$$

mit

$$w_{\max} = k_2 c_{E,0} \tag{2.92}$$

als der maximalen Geschwindigkeit der Enzymreaktion (2.74) und (2.75). Für $c_S \to \infty$ erreicht w nämlich einen Sättigungs- bzw. Maximalwert (Abb. 2.13, ausgezogene Kurve). Manchmal wird k_2 als die Umsatzzahl des Enzyms bezeichnet. Bei $k_2 > k_1'$ ist sie ein Maß für die Anzahl der katalytischen Umsetzungen in der Zeiteinheit (vgl. dazu die in Tab. 2.9 wiedergegebenen zu k_2 korrelierten Enzymaktivitäten a).

Die Wirkung von Enzymen kann durch Effektoren gehemmt (Inhibitoren, Kurve 1 in Abb. 2.13) bzw. aktiviert (Aktivatoren, Kurve 2 in Abb. 2.13) werden. Beides ist für die Steuerung von Enzymreaktionen von grundsätzlicher Bedeutung. Chemismus und Kinetik sind hier wesentlich komplizierter. Bei der sogenannten kompetitiven (konkurrierenden, isosterischen) Hemmung z. B. wird die Bildung von ES gestört, indem ein sterisch ähnliches Inhibitormolekül anstelle des Substratmoleküls den Platz am aktiven Zentrum (Wirkort) des Enzyms einnimmt.

Enzymreaktionsketten sind in Reihe geschaltete Enzymreaktionen, wobei das Produkt der vorangehenden Reaktion das Sub-

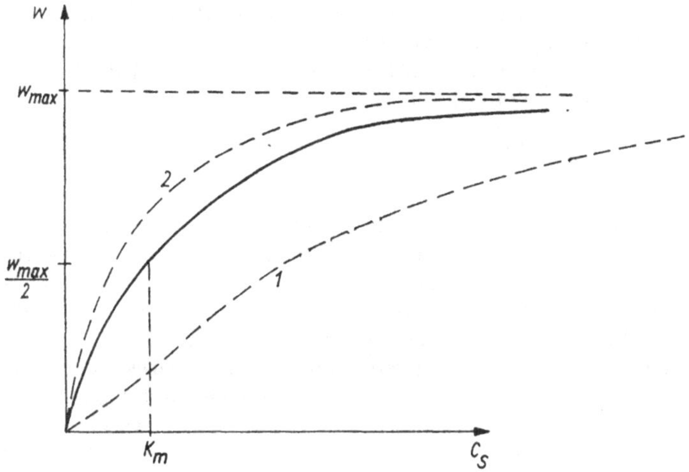

Abb. 2.13. Hyperbolischer Verlauf der Reaktionsgeschwindigkeit in Abhängigkeit von der Substratkonzentration (MICHAELIS-MENTEN-Kinetik).

Tabelle 2.9
Aktivitäten a in mol (Substrat), mol^{-1} (Enzym), min^{-1} für verschiedene Enzyme

Enzym	Substrat	ϑ/°C	a
D-Aminosäure-Oxydase	D-Aminosäuren (außer Glycin, Lysin, Cystein)	20	1400
Hexokinase	Glucose	30	20000
Triosephosphat-dehydrogenase	Triosephosphat	20	17000
Lactatdehydrogenase (Muskel)	Lactat	20	34000
Phosphopyruvat-hydratase	2-Phosphoglycerat	20	6800

strat für die folgende liefert. Alle Reaktionen sollen mit w_{max} ablaufen (Sättigung). Dann bestimmt jeweils die kleinste (Schlüsselreaktion) der Maximalgeschwindigkeiten die Geschwindigkeit der Reaktionskette (bottle-neck-principle, Flaschenhalsprinzip).

Die Umschaltung auf eine andere Schlüsselreaktion ist immer mit einer Verzögerungs- oder lag-Phase verbunden.

Das eben angedeutete instationäre Verhalten (Anlauf- oder Umschaltphasen) kann durch

$$\tau \approx \frac{1}{k_2} \frac{c_S}{c_{E,0}} \tag{2.93}$$

charakterisiert werden. Dabei bedeutet der Reziprokwert von k_2: Je größer die Enzymaktivität, um so kürzer die „Bearbeitungszeit" eines Substratmoleküls durch ein Enzymmolekül. Die Größe τ selbst ist ein Maß für den Umsatz des größten Teils einer bestimmten zur Verfügung stehenden Substratmenge, d. h. für den Abschluß eines Reaktionsgeschehens. Wird eine Enzymreaktionskette hinsichtlich ihrer τ-Werte betrachtet, so sei hier nur angedeutet, daß Reaktionen mit $\tau \gg 1$ eine Ersetzung der kinetischen Gleichungen durch algebraische Gleichungen liefern und solche mit $\tau \ll 1$ vernachlässigt werden können. An solcher prinzipieller Vereinfachung liegt es auch, daß die in 2.1.3.2.2. zu behandelnden dissipativen Strukturen häufig durch einfache Modelle beschrieben werden können. — Die Größe τ läßt sich auf höhere biologische Organisationsniveaus verallgemeinern. Sie liegt bei einfachen Enzymreaktionen im Bereich von Minuten, bei der Makromolekülsynthese (DNS, Proteine) im Bereich von einigen zehn Minuten, beim Aufbau von Zellorganellen (z. B. Chloroplasten, die Fabriken der Photosynthese) im Bereich von Stunden, bei Einzellern im Bereich von Stunden bis Tagen (entspricht der Lebenszeit) und bei Vielzellern im Bereich von Tagen bis Wochen. — Es ist offenbar, daß die Beschreibung der Vorgänge um so komplizierter wird, je mehr sich beeinflussende Enzyme und Substrate an ihnen beteiligt sind.

Weil bei der Photosynthese enzymatische Vorgänge eine bedeutende Rolle spielen, soll hier abschließend ein Hinweis auf die im Fluß befindliche Forschung zur Kinetik der Photosynthese stehen (vgl. auch Ende von 2.1.2.3.). Sie wird sowohl bei der Lichtreaktion (z. B. Jouy 1982) als auch bei der Dunkelreaktion (z. B. Bauwe u. a. 1980, Dvorsak u. a. 1980) untersucht. Das Verständnis der Regulation und die gezielte Beeinflussung der Photosynthese hängen von der Kenntnis der dabei gewinnbaren Ergebnisse ab.

2.1.3.1.3. Bemerkung zum Zusammenhang zwischen Thermodynamik und Kinetik

Dieser Zusammenhang (vgl. Anfang von 2.1.3.1.) gilt sowohl für die reversible als auch für die irreversible Thermodynamik. Es werden nur wenige Fakten genannt.

Zwischen Aktivierungsenergie ΔE_A (energetische, d. h., thermodynamische Größe, vgl. Abb. 2.12) und Geschwindigkeitskonstante k (kinetische Größe, vgl. (2.64)) gilt die ARRHENIUS-Gleichung

$$\ln k = -\frac{\Delta E_A}{\bar{r}T} + \text{const}\,. \tag{2.94}$$

Weiterhin existiert zwischen Affinität (thermodynamische Größe, vgl. (1.10)) und Reaktionsgeschwindigkeit w (kinetische Größe, vgl. (2.64)) eine Relation

$$\begin{aligned} &(\mathcal{A}) > 0 \qquad w \geqq 0\,, \\ &(\mathcal{A}) = 0 \qquad w = 0\,, \\ &(\mathcal{A}) < 0 \qquad w \leqq 0\,. \end{aligned} \tag{2.95}$$

Es gibt aber kein Gesetz der Proportionalität zwischen w und $\mathcal{A}$.

Die Ableitung des Massenwirkungsgesetzes wurde gemäß (2.45a) „thermodynamisch" vorgenommen, aber selbst FERMI 1937 hat die übliche „unkorrekt kinetische" Ableitung bevorzugt. Ein Musterbeispiel von Verquickung von Thermodynamik und Kinetik.

Das „thermodynamische" BOLTZMANN-Theorem (1.62) mit w als Wahrscheinlichkeit (!), angewandt auf die kinetische Energie, besagt, daß es Geschwindigkeiten der Moleküle gibt, die sie miteinander reagieren lassen, d. h., daß eine Kinetik möglich ist.

Den grundsätzlichen Zusammenhang von irreversibler Thermodynamik und Kinetik zeigen die Ausführungen der folgenden Abschnitte. Thermodynamischen und kinetischen Größen ist ein durchgängiges Auftreten der Zeitableitung gemeinsam. Die entscheidende thermodynamische Stabilitätsgröße $p\,[\delta S]$ aus (1.52) läßt sich nur mit Hilfe der kinetischen Daten errechnen.

2.1.3.2. Irreversible Prozesse und dissipative Strukturen

Im folgenden interessiert der zeitliche Verlauf des molekularen Geschehens und sein Stabilitätsverhalten. Grundlage bilden die chemischen Reaktionen unter Berücksichtigung der Diffusion in Form erweiterter kinetischer Gleichungen (2.1.3.2.1.). Sie beschreiben die Dynamik des Systems. Dabei sind Entropieproduktion, Exzeßentropieproduktion (vgl. 1.3.6.) und Stabilität Schlüsselbegriffe (2.1.3.2.2.). Beispiele für dissipative Strukturen werden in 2.1.3.2.3. gegeben.

2.1.3.2.1. Ausgangspunkt: Kinetik

Die Kinetik eines aus K Komponenten bestehenden Systems, das der Diffusion unterliegt und in dem R chemische Reaktionen ablaufen, wird in jedem Raum- und Zeitpunkt durch ein System von partiellen Differentialgleichungen (Ebeling u. a. 1979, Murray 1983, Nicolis u. a. 1977) beschrieben:

$$\frac{\partial \varrho_k}{\partial t} = -\frac{\partial}{\partial \boldsymbol{r}} \boldsymbol{j}_k + \sum_{r=1}^{R} \nu_{kr} w_r \qquad (k = 1, \ldots, K). \tag{2.96}$$

ϱ_k = Massendichte der chemischen Komponente k, t = Zeitkoordinate, $\frac{\partial}{\partial \boldsymbol{r}}$ = Gradientenoperator (beschreibt die Diffusion), $\boldsymbol{j}_k$ = Massenstromdichte der chemischen Komponente k, ν_{kr} = stöchiometrischer Koeffizient der Komponente k bei der Reaktion r, w_r = Reaktionsgeschwindigkeit der Reaktion r. Wird $K = 1$ gesetzt (weglassen des Index), $\varrho = c$ = Konzentration und $-\frac{\partial}{\partial \boldsymbol{r}} \boldsymbol{j} = -\frac{\partial}{\partial \boldsymbol{r}} D \left(-\frac{\partial c}{\partial \boldsymbol{r}}\right) = D \frac{\partial^2 c}{\partial \boldsymbol{r}^2}$ (konstanter Diffusionskoeffizient D), so ergibt sich für das eindimensionale Problem (Ortskoordinate x)

$$\frac{\partial c(x, t)}{\partial t} = f\big(c(x, t)\big) + D \frac{\partial^2}{\partial x^2} c(x, t). \tag{2.97}$$

Dabei ist für die Summe der chemischen Reaktionen in (2.96) eine beliebige nichtlineare Produktionsfunktion $f\big(c(x, t)\big)$ angesetzt worden (vgl. mit (2.10)). Solche aus Reaktion (Produktion) und

Diffusion zusammengesetzten Gleichungen beschreiben auch die Lebensvorgänge auf molekularem Niveau: Orts- und Zeitabhängigkeiten von chemischen Konzentrationen.

2.1.3.2.2. *Dissipative Strukturen*

Gemäß (1.52) können in nichtlinearen Systemen bei Ablauf irreversibler Prozesse Neustrukturierungen stattfinden, wenn $p[\delta S]$ negativ wird. Dabei wird das System instabil und geht vom thermodynamischen Zweig in den der dissipativen Strukturen über: In Abhängigkeit von geeigneten Parametern treten neue Strukturen mit geänderter Entropieproduktion auf (GLANSDORFF u. a. l. c.). Diese Strukturen können zeitlicher, räumlicher und raum-zeitlicher Natur sein und in Physik, Chemie und Biologie unter den Oberbegriff der Selbstorganisation gestellt werden (KRINSKY 1984). Auf molekularem Niveau kann das zugehörige kinetische Geschehen anhand der Gleichungen aus 2.1.3.2.1. untersucht werden. Dies geschieht im folgenden mittels sehr einfacher Modelle.

2.1.3.2.2.1. *Zeitlich dissipative Strukturen*

Es wird zunächst ein homogenes (z. B. flüssiges) System mit zwei Variablen (Konzentrationen c_A und c_B der beiden Komponenten A und B) ohne Diffusion untersucht. Dann resultieren zwei gewöhnliche Differentialgleichungen

$$\frac{\mathrm{d}c_A}{\mathrm{d}t} = f_A(c_A, c_B)\,, \tag{2.98}$$

$$\frac{\mathrm{d}c_B}{\mathrm{d}t} = f_B(c_A, c_B)\,. \tag{2.99}$$

Damit läßt sich für jeden Zeitpunkt t ein Wertepaar c_A, c_B ausrechnen. In einem c_A,c_B-Koordinatensystem (Zustands- oder Phasenraum) stellen diese Wertepaare im Zeitablauf eine Kurve (Trajektorie oder Phasenbahn) dar. Division von (2.98) und (2.99) liefert

$$\frac{\mathrm{d}c_B}{\mathrm{d}c_A} = \frac{f_B(c_A, c_B)}{f_A(c_A, c_B)}\,. \tag{2.100}$$

Die Integration dieser Differentialgleichung ergibt

$$c_B = c_B(c_A, C) \tag{2.101}$$

mit C = Integrationskonstante. Da diese verschiedene Werte annehmen kann, ergibt sich eine Kurvenschar. Für den Fall, daß (2.100) eine Konstante K ist, handelt es sich um eine Geradenschar, weil

$$\mathrm{d}c_B = K\,\mathrm{d}c_A\,, \tag{2.102}$$

$$c_B = Kc_A + C\,. \tag{2.103}$$

In Abb. 2.14 ist für drei Werte der Konstanten C_1, C_2, C_3 das Phasenporträt gezeichnet. — Ein weiterer Fall liegt vor, wenn (2.100) ein unbestimmter Ausdruck 0 durch 0 ist. Er wird durch $f_A = -c_A = 0$ und $f_B = -c_B = 0$ realisiert. Durch einen solchen singulären Punkt können mehrere Lösungskurven hindurchgehen. Es sind Nullpunktgeraden (Abb. 2.15). Das System läuft wegen der negativen Vorzeichen immer auf den stabilen stationären Punkt zu. Thermodynamisch gesehen ist der entsprechende

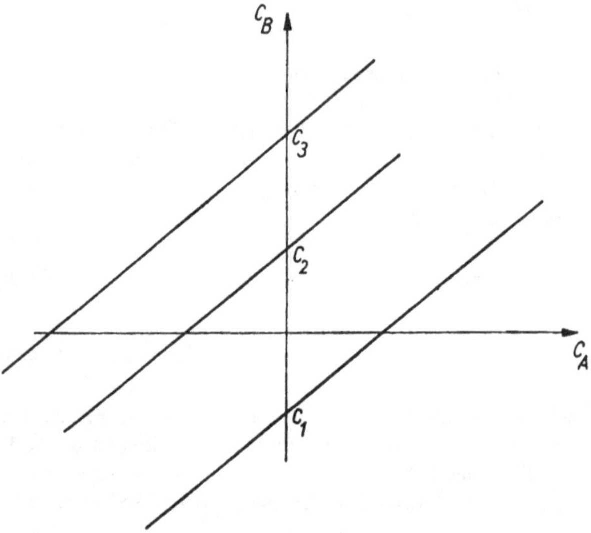

Abb. 2.14. Phasenporträt bzw. Integralkurvenschar zur Differentialgleichung $\mathrm{d}c_B/\mathrm{d}c_A = K$. Das System „bewegt“ sich auf einer der Geraden nach rechts oben oder nach links unten

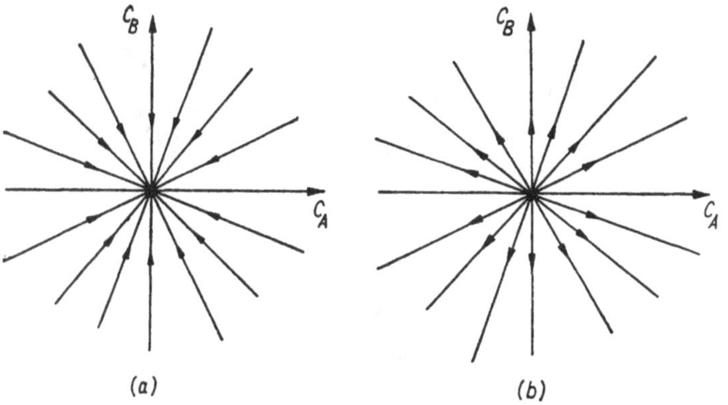

Abb. 2.15. Phasenporträts des Differentialgleichungssystems

(a) $\mathrm{d}c_A/\mathrm{d}t = -c_A$, $\mathrm{d}c_B/\mathrm{d}t = -c_B$,

(b) $\mathrm{d}c_A/\mathrm{d}t = c_A$, $\mathrm{d}c_B/\mathrm{d}t = c_B$.

stationäre Punkt entweder ein Gleichgewichts- oder ein Fließgleichgewichtszustand. — Anders ist es für $f_A = c_A$ und $f_B = c_B$. Es ergibt sich ein instabiler stationärer Punkt. Das System läuft vom Nullpunkt ins Unendliche weg.

Vom thermodynamischen Standpunkt aus sind allein die verschiedenen singulären Punkte (Ebeling 1976 l. c.) von Bedeutung (Abb. 2.16). Von biologischer Relevanz ist dabei der Fall (f) der Abbildung. Es handelt sich um einen Grenzzyklus. Das System bewegt sich autonom auf geschlossener Kurve um ein Zentrum (Abb. 2.17). Der Grenzzyklus als selbsterregter stationärer Zustand ist stabil, wenn „spiralige" Trajektorien von außen oder von innen in ihn einmünden. Kleine Störungen ändern an der Bewegung auf dem Grenzzyklus nichts, solange dem System von außen in geeigneter Weise Energie zugeführt wird. Für die Konzentrationen gelten die Gleichungen (Abb. 2.18)

$$c_A = c_{A,0}(t) \cos\left(\omega t + \varphi_1(t)\right), \tag{2.104}$$

$$c_B = c_{B,0}(t) \cos\left(\omega t + \varphi_2(t)\right). \tag{2.105}$$

Für zeitlich dissipative Strukturen in Form quasiharmonischer autonomer Oszillationen sind $c_{A,0}(t)$, $c_{B,0}(t)$, $\varphi_1(t)$, $\varphi_2(t)$ zeitunabhängige Konstante.

Eins der meist untersuchten Systeme bzgl. des Auftretens zeitlich dissipativer Strukturen — die erste wurde 1920 von Lotka

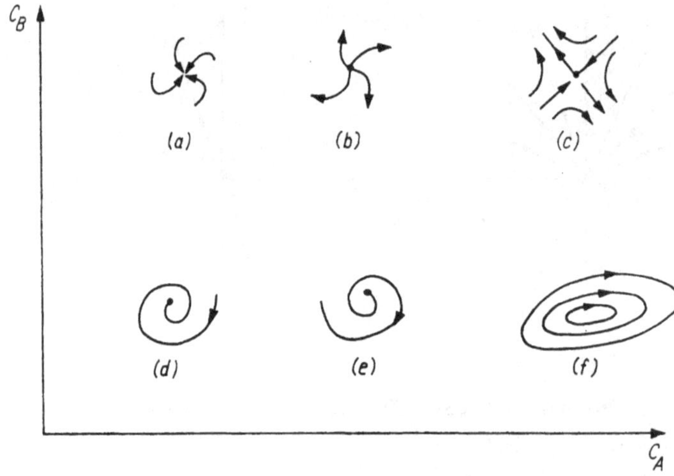

Abb. 2.16. Phasenporträts für verschiedene singuläre Punkte (a) stabiler Knoten, (b) instabiler Knoten, (c) (instabiler) Sattelpunkt, (d) stabiler Strudel (Wirbel, Fokus), (e) instabiler Strudel, (f) Wirbel mit Zentrum

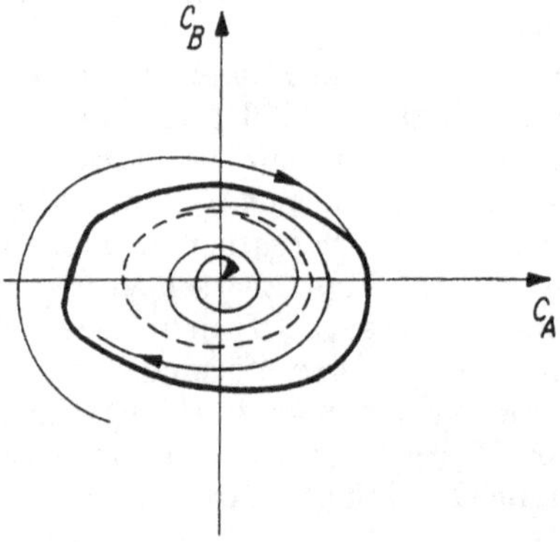

Abb. 2.17. Stabiler (dick ausgezogen) und instabiler (gestrichelt) Grenzzyklus. Der Nullpunkt ist Zentrum der Zyklen.

auf Grund eines theoretischen Modells zur chemischen Kinetik angegeben (LOTKA 1956) — ist die Glykolyse (vgl. den Altmeister der Modellierung der Glykolyse HIGGINS 1967, aber auch NICOLIS u. a. 1977 l. c. und die Bibliographie bei BOITEUX u. a. 1984). Es geht um den anaeroben, unvollständigen Abbau von Glukose bis zum Pyruvat oder Laktat gegenüber dem vollständigen bis zum CO_2 (Atmung). Die Natur hat sich dieses phylogenetische

„Relikt" an verschiedenen bedeutenden Stellen (Mikroorganismen, Muskel, Regeneration bei Verletzungen: Zwischenprodukte als Baustoffe) pflanzlichen und animalischen Lebens zur nicht sehr effektiven (gegenüber der Atmung) Energiegewinnung erhalten, analog der Bauernweisheit: 1 PS ist besser als 0 kW, wenn der Traktor stehenbleibt. Regulationsmechanismen können dabei durch glykolytische Oszillationen realisiert sein. Bei Krebsgeschwülsten z. B. liegt eine Fehlsteuerung der Glykolyse vor.

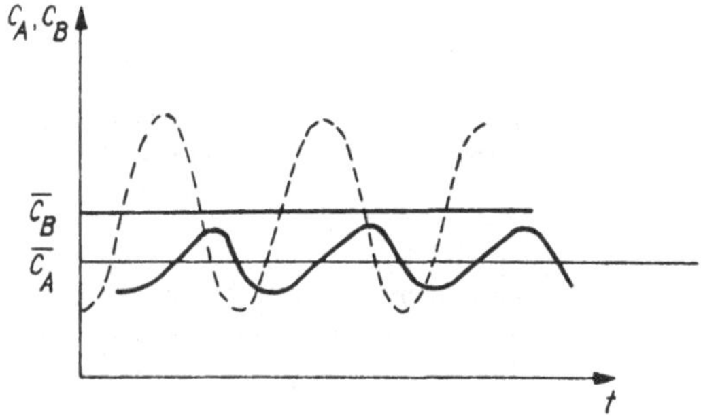

Abb. 2.18. Schwingungen um die stationären Konzentrationen $\bar{c}_A$ und $\bar{c}_B$ als dissipative zeitliche Strukturen

Einfachste Modellvorstellungen basieren auf der Bruttogleichung:

$$\begin{aligned} &\text{Glukose} + 2\,\text{ADP} + \text{P}_\text{a} + 2\,\text{NAD} \\ &\rightarrow 2\,\text{Pyruvat} + 2\,\text{ATP} + 2\,\text{NADH} \end{aligned} \tag{2.106}$$

(vgl. 2.1.2.1.3., P_a = anorganischer Phosphor, NAD = Nikotinamiddinukleotid). Sie verläuft über sieben Teilreaktionen (Abb. 2.19). In 2.1.3.1.2. waren Möglichkeiten zur Vereinfachung des Systems der kinetischen Gleichungen angeführt worden. Entsprechend gilt hier

$$\frac{dc_1}{dt} = w_0 - a_1 c_1 c_2, \tag{2.107}$$

$$\frac{dc_2}{dt} = a_1 c_1 c_2 - a_2 \frac{c_2}{1 + \dfrac{c_2}{K}}. \tag{2.108}$$

Die Konzentrationen von Fruktosephosphat und Phosphoenolpyruvat sind c_1 und c_2, das übrige sind Konstanten. Die stationären Konzentrationen $c_1{}^s$ und $c_2{}^s$ folgen aus $\frac{dc_1}{dt} = \frac{dc_2}{dt} = 0$.

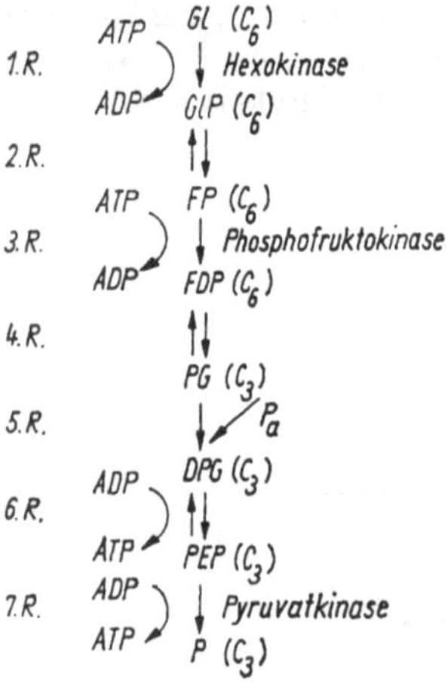

Abb. 2.19. Abbauweg der Glucose (Glykolyse). Gl = Glukose, GlP = Glukosephosphat, FP = Fruktosephosphat, Fruktosediphosphat, PG = Phosphoglycerinaldehyd, DPG = Diphosphoglycerinaldehyd, PEP = Phosphoenolpyruvat, P = Pyruvat, C_3 bzw. C_6 = Verbindung mit 3 bzw. 6 C-Atomen

Den singulären Punkt findet man mittels einer üblichen Störungsrechnung. Die allgemeine Lösung wird als Summe aus $c_1{}^s$ bzw. $c_2{}^s$ und Störung δc_1 bzw. δc_2 angesetzt (vgl. auch (2.111) und (2.112)). Es ergibt sich ein linearisiertes Gleichungssystem für die Störungen, das durch einen zeitlichen Exponentialansatz gelöst wird. Die sich daraus ergebende quadratische charakteristische Gleichung liefert die charakteristischen Wurzeln. Abhängig vom Radikanden ergibt sich als singulärer Punkt ein Fokus (Abb. 2.16 (d), (e)). Ist dieser instabil (Fall (e)), so ist ein Grenzzyklus (Fall (f)) um den Fokus möglich. Dann aber sind autonome Oszillationen (konstante Amplitude) der Konzentrationen der Metaboliten möglich. Die Schwingungsdauer auf dem Grenzzyklus kann ausgerechnet werden. Experimentell konnten die Schwingungen durch geeignete Zuckerkonzentrationen induziert werden.

Es sei darauf hingewiesen, daß die Phänomene der biologischen Uhr auf allen Organisationsniveaus (Mletzko u. a. 1982, zur Temperaturabhängigkeit von circadianen Rhythmen vgl. Bünning 1963) ihren Ursprung mit großer Wahrscheinlichkeit in ähnlichen biochemischen Oszillationsmechanismen haben. Einige

Beispiele für derartige zeitlich dissipative Strukturen seien genannt: Periodische Volumenänderungen von Zellkern und -organellen (weitere zelluläre Kontrollmechanismen vgl. GOODWIN 1963), Öffnen und Schließen von Pflanzenblüten morgens und abends, Herzrhythmik, jahreszeitlicher Fortpflanzungsrhythmus bei Tieren, Rhythmus in Elektro-Enzephalogrammen, Populationsstärkeschwingungen. Voraussage eines kritischen Zeitpunkts (Zugvögel) bzw. hohe Effektivität gleichzeitigen Wirkens als Synchronisation und Kooperation (simultanes Leuchtkäferleuchten) sind Auswirkungen biologischer Uhren. Obwohl im Voranstehenden die Diffusion nicht explizit herangezogen wurde, ist sie doch auch die Voraussetzung für die zeitlich dissipativen Strukturen. Letztere wiederum muß man genau kennen, um z. B. lebensbedrohende Periodizitäten bei gefährlichen Krankheiten zu durchbrechen oder Ansatzpunkte für Ertragssteigerungen bei Kulturpflanzen auf der Basis der Photosynthese zu finden (s. auch nächster Abschnitt).

2.1.3.2.2.2. *Raumzeitliche dissipative Strukturen*

Sie sollen am Beispiel der Photosynthese dargestellt werden. Die Untersuchung der reinen Zeitabhängigkeit analog 2.1.3.2.2.1. ergibt Schwingungen (CHERNAVSKAYA u. a. 1960, 1966, RUBIN u. a. 1977). Die Berücksichtigung von Orts- und Zeitabhängigkeit ergibt Wellen (PRIGOGINE u. a. 1969, LEUSCHNER 1979). Ausgangspunkt ist der CALVIN-Zyklus (vgl. auch Abb. 2.24), die Dunkelreaktion der Photosynthese. Das System der kinetischen Gleichungen läßt sich in eindimensionaler Form (Ortskoordinate x) auf zwei Gleichungen reduzieren, eine für Triose (Konzentration C_3) und eine für Hexose (Konzentration C_6):

$$\frac{\partial C_3}{\partial t} = \alpha_1 C_3^2 - \alpha_2 C_3 C_6 + \alpha_0 + D_3 \frac{\partial^2 C_3}{\partial x^2}, \tag{2.109}$$

$$\frac{\partial C_6}{\partial t} = \beta_1 C_3^2 - \beta_2 C_6 - \beta_3 C_5 C_6 + D_6 \frac{\partial^2 C_6}{\partial x^2}. \tag{2.110}$$

$\alpha_1, \alpha_2, \alpha_0, \beta_1, \beta_2, \beta_3$ = Konstanten, C_5 = Ribulosekonzentration (Ribulose wird autokatalytisch durch Bindung des CO_2 aus der Luft gebildet), D_3 bzw. D_6 = Diffusionskoeffizient für Triose bzw. Hexose. Es läßt sich zeigen, daß die Exzeßentropieproduktionsdichte negativ werden kann (vgl. (1.52)). Die infolge dieser Instabilität möglichen dissipativen Strukturen lassen sich aus einer Störungsrechnung (vgl. Erklärung bei der Glykolyse in 2.1.3.2.2.1.) gewinnen. Der Ansatz lautet:

$$C_3 = C_{30} + \delta C_3 = C_{30} + c_3 \exp\left(\omega t + i\,\frac{x}{\lambda}\right), \qquad (2.111)$$

$$C_6 = C_{60} + \delta C_6 = C_{60} + c_6 \exp\left(\omega t + i\,\frac{x}{\lambda}\right). \qquad (2.112)$$

C_{30}, C_{60} = stationäre Lösungen, $\delta C_3, \delta C_6$ = Störungen, ω = Kreisfrequenz, λ = Wellenlänge. Das charakteristische Gleichungssystem für die Störungen liefert eine Beziehung zwischen ω und λ (Dispersionsrelation), aus der eine kritische Wellenlänge für räumlich dissipative Strukturen folgt. Die adäquaten örtlich periodischen Muster, wie sie beispielsweise von ZHABOTINSKY bei der BELOUSOV-ZHABOTINSKY-Reaktion (ZHABOTINSKY u. a. 1984) gefunden wurden, sind für die Photosynthese noch nicht experimentell sichergestellt. Ihre biologische Bedeutung ist ebenfalls offen. Selbst bei rein zeitlich dissipativen Strukturen der Photosynthese ist eine solche Frage nicht pauschal beantwortbar. Es gibt Pflanzen mit morgens wachsender und abends fallender Photosyntheserate, wobei diese Größe um die Mittagszeit ein plateauartiges Maximum zeigt. Dies deutet auf eine möglichst hohe Ausnutzung maximaler Lichtintensität hin. Aber es gibt auch Pflanzen, die um die Mittagszeit ein relatives Minimum der Photosyntheserate besitzen, so daß offenbar eine komplexe Wechselwirkung zwischen Umwelt (Tag-Nacht-Wechsel) und endogenem Rhythmus vorliegt.

2.1.3.2.2.3. Entstehung des Lebens

Seit der Arbeit von EIGEN 1971 l. c. weiß man, daß die Entstehung des Lebens und seine Entwicklung zu den Strukturbildungsphänomenen der Thermodynamik der irreversiblen Prozesse zu rechnen ist. Erstens ist die Thermodynamik eine „formale“ Wissenschaft von der „Bewegung“ von Stoff, Energie und Information (Ordnung, Struktur, Negentropie), und die Biologie ist eine Wissenschaft, die inhaltlich genau das gleiche Merkmal besitzt. Zweitens beruhen Genese, Evolution und Konsistenz des Lebens auf einem thermodynamischen Grundprozeß, der chaotischen BROWNschen Molekularbewegung. An dieser Aussage ändert sich prinzipiell nichts, auch wenn auf höherer Organisationsebene andere Transportformen wie Konvektion (Blutkreislauf) benutzt werden. Stoff, Energie und Information „diffundieren" von Ort zu Ort. Zum Beispiel benutzt die Zelle zur Aufnahme eines „Nahrungsteilchens" die Pinozytose. Anschließend „brownt" dieses Teilchen in der Zelle umher, bis es an der richtigen Stelle landet, wo es gebraucht wird. Ein zweites Beispiel: Das Gehirn als das „höchste" Organ des Bios zeigt die Verbindung von Nervenendigungen über Synapsen. Diese haben einen endlichen Abstand. Information, die Grundlage für jede Steuerung und Regelung (Kybernetik), wird also zwischen ihnen durch Diffusion übermittelt.

Wie eng die Thermodynamik an Kinetik, Kybernetik und Informationstheorie (Leuschner 1985) beim Verständnis der Entstehung des Lebens gekoppelt ist, soll jetzt anhand eines kurzen, unvollständigen Abrisses der Eigenschen Theorie gezeigt werden. Sie geht von dem experimentellen Faktum aus, daß unter geeigneten Bedingungen aus einfachsten chemischen Substanzen Makromoleküle, speziell auch Biomoleküle, sich bilden und evolvieren können! Dies geschieht nach Wahrscheinlichkeitsgesetzen (Zufall). Doch es gelten für alle bei der Entstehung und Entwicklung des Lebens ablaufenden Vorgänge die Gesetze der Physik, der Thermodynamik (Notwendigkeit). Dies trifft auch für alle Teilvoraussetzungen bzw. -prozesse der Selbstorganisation und Evolution hinsichtlich des Bios zu. Das heißt, für eine Menge von Makromolekülen mit potentiellem oder realem Biopolymercharakter gilt hinsichtlich

a) des Metabolismus, daß sie sich im Stoff- und Energieaustausch mit der Umgebung befinden, dabei Entropie exportieren, indem sie energiereiche Monomere als Nahrung aufnehmen.

b) der Selbstreproduktion, daß neue Makromoleküle nach dem Muster der bereits vorhandenen entstehen, auf dem Metabolismus basierend bzw. als Teil dessen und unter Realisierung von Informationstransport.

c) der Multistabilität, daß ein großes Reservoir potentieller, thermodynamisch stabiler (nicht nur statisch-strukturell stabil infolge minimaler freier Enthalpie, sondern dynamisch im Verlauf der Selbstreproduktion über lange Zeiträume) Makromoleküle existiert. Damit ist Speicherung unterschiedlicher Information möglich.

d) der Selektion, daß Makromoleküle infolge begrenzender Faktoren (z. B. „Rohstoffangebot") in Konkurrenz miteinander stehen und

dabei „thermodynamisch optimale Sorten“ selektiert werden. Dies entspricht einer optimierten Kinetik mit physikalischer Formulierung des DARWINschen Prinzips. Es überlebt, was noch „geht“. Das andere wird Evolutionsschutt. (Es ist für den Menschen als Teil der Evolution und als moralisches Wesen eines der schwierigsten Probleme, zwischen beidem zu differenzieren).
e) der Mutagenität, daß die voranstehenden Prozesse bzw. Eigenschaften, insbesondere der Reproduktionsprozeß, bzgl. ihrer Zuverlässigkeit einer physikalischen Begrenzung durch thermisches Rauschen und quantenmechanische Unbestimmtheit unterliegen. Es können also Fehler auftreten. Um so häufiger, je größer die Reproduktionsrate ist, d. h., je niedriger die Aktivierungsenergie der Synthesereaktionen ist und je weniger sie sich dadurch von der Energie thermischer Schwankungen unterscheiden.

Mit dem Voranstehenden, dem Hinweis auf die Möglichkeit negativer Exzeßentropieproduktion (1.52) und der allgemeinen Gültigkeit von (1.49a) sind die thermodynamisch-kinetischen Voraussetzungen der Lebensentstehung und Entwicklung im Rahmen der EIGENschen Theorie umrissen. Die spezifische EIGENsche Kinetik lautet (die Diffusion ist explizit nicht enthalten):

$$\frac{\mathrm{d}X_i}{\mathrm{d}t} = (A_iQ_i - D_i)\,X_i + \sum_{j\neq i} \varphi_{ij}X_j. \tag{2.113}$$

X_i = Konzentration des i-ten Polynukleotids (Selbstreproduktion), A_i = Entstehungsrate, D_i = Zerfallsrate, Q_i = Maß für die Fehlerfreiheit der Reproduktion des i-ten Polynukleotids ($0 < Q_i < 1$), φ_{ij} = Wahrscheinlichkeit einer Mutation der Spezies j in die Spezies i. Die Nebenbedingungen sind:

$$\sum_i X_i = \text{const}, \tag{2.114}$$

$$\sum_i (1 - Q_i) = \sum_{j\neq i} \varphi_{ij}, \tag{2.115}$$

$$(A_iQ_i - D_i) = \text{Max}. \tag{2.116}$$

Es handelt sich um die Massenerhaltung, die Bilanz der Fehlerkopien und das DARWINsche Prinzip. EIGEN selbst nannte den Klammerausdruck (2.116) Selektionswert der Spezies i. Die Leistung EIGENS besteht nicht in der Schaffung der Gln. (2.113) bis (2.116), sondern im Auffinden von Lösungen, von realistischen

Modellen für Selektion und Evolution. Dabei entstand die Vorstellung der Hyperzyklen (EIGEN u. a. 1977, 1978). Es werden nichtlineare Kopplungen F_i und G_k zwischen konkurrierenden Spezies angenommen, indem zusätzlich zu dem erweiterten System (2.113) kinetische Gleichungen für sich nicht selbstreproduzierende Polypeptide gelten sollen:

$$\frac{dX_i}{dt} = (A_i Q_i - D_i) X_i + \sum_{j \neq i} \varphi_{ij} X_j + F_i(X_i, Y_k), \quad (2.117)$$

$$\frac{dY_k}{dt} = G_k(Y_k, X_i), \quad (2.118)$$

mit Y_k als den Konzentrationen der Polypeptide. Die graphische Veranschaulichung (EIGEN 1973/74) ist ein Hyperzyklus als ein Beispiel für nichtlineare Kopplungen (Abb. 2.20): Acht Nukleinsäuren (I_i) und acht Proteine (E_k). I_1 enthält die Information für E_1, E_1 wirkt katalytisch auf I_2 bzw. dessen Reproduktionszyklus usw. Der Kreis schließt sich über E_8 und I_1, so daß die Teilzyklen kooperativ wirken (Merkmal dissipativer Strukturen) und damit dynamische Stabilität des Hyperzyklus bedingen. Ein Hyperzyklus duldet keine Konkurrenz weiterer Hyperzyklen neben sich (EBELING u. a. 1982). Damit wäre beispielsweise die

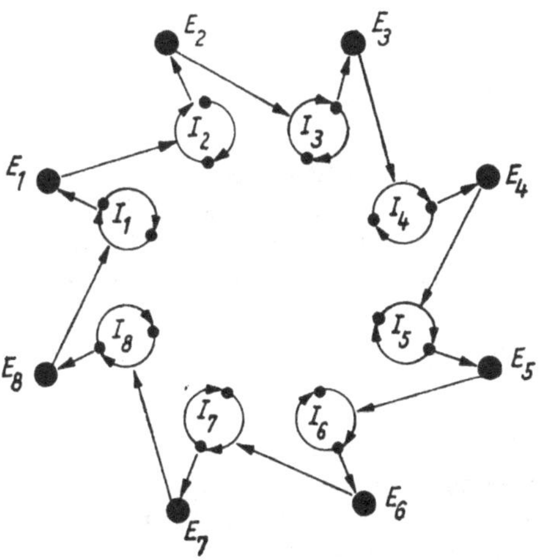

Abb. 2.20. Hyperzyklus aus jeweils acht Polynukleotiden (I) und acht Polypeptiden (E)

Universalität des genetischen Codes (einem Nukleotidtriplett entspricht ein Eiweiß) erklärbar. Ein einziger Hyperzyklus und Evolution aber sind andererseits ein Widerspruch in sich. Die Evolution ist mit immer komplizierteren Kompartimentierungsprozessen weitergegangen. Aus den Gesetzen der Thermodynamik folgt nicht zufällig, sondern notwendig nicht nur ein dynamisch geordneter, kinetisch beschreibbarer, molekularer Selektions- und Optimierungsprozeß (EIGEN 1985), sondern auch die Herausbildung von Zellen und Zellorganellen (vgl. auch 2.2.1.) und letztlich auch die Evolution biologischer Arten mit analogen Mechanismen der Selektion und Optimierung. Das Problem der Entstehung und Evolution des Lebens (BERNHARD u. a. 1980, FEUSTEL 1979, OPARIN o. J., REINBOTHE u. a. 1982, SEGAL u. a. 1983) ist damit ein „in sich geschlossener", aber immer weiter fortschreitender Prozeß.

2.1.3.3. *Zur Statistik der Nichtgleichgewichtsthermodynamik*

Dieser Abschnitt ist ein Analogon zu 2.1.2.3. In Abb. 2.3 war z. B. die Diffusion auf statistischer Grundlage plausibel gemacht worden. Dieser BROWNsche Prozeß mit den ihm eigenen Schwankungen ist in irgendeiner Weise immer Grundlage für einschlägige Untersuchungen. Die Forschung ist hier noch in vollem Gange.

2.1.3.3.1. *Wahrscheinlichkeit und Evolution*

Zunächst eine Bemerkung dazu, worin Stochastik besteht. Zufall beruht erstens auf dem Gesetz der großen Zahlen (Einzelheiten können wegen ihrer immensen Anzahl bis zu 10^{20} und mehr nicht untersucht werden und Fluktuationen entsprechender Größen der Gesamtheit lassen sich nach wohlbekannten Regeln der Mathematischen Statistik berechnen), zweitens auf der HEISENBERGschen Unbestimmtheitsrelation (die Schwankungen haben ihre Ursache im mikroskopischen Objekt selbst und sind durch die Größe des PLANCKschen Wirkungsquantums fixiert) und drittens auf der Nichtlinearität eines Phänomens (Abweichungen resultieren aus der Unmöglichkeit der exakten Kenntnis aller Anfangs- und Randbedingungen, obwohl die klassischen deterministischen physikalischen Gesetze exakt gelten). Diese drei Informationsmangelarten gelten auch für die Evolution. Die mathematische

Widerspiegelung einschlägiger realer Systeme, also auch solcher auf molekularer Ebene, berücksichtigt Fluktuationen mittels stochastischer Beschreibung durch MASTER- bzw. FOKKER-PLANCK-Gleichungen, die die zeitliche Entwicklung von Wahrscheinlichkeitsverteilungen darstellen (EBELING u. a. 1982 l. c., MÜNSTER 1959). Für den Fall chemischer Kinetik unter Einbeziehung von Selbstreproduktion, Multistabilität, Konkurrenz und Selektion soll hier nur ein Grundgedanke herausgegriffen werden, der auf EIGEN 1971 l. c. zurückgeht und sich auf das Ensemble der sich selbstreproduzierenden Nukleotidsequenzen bezieht. Von der Sorte j seien N_j Exemplare vorhanden. Dann gilt

$$\sum_j N_j = N = \text{const.}, \tag{2.119a}$$

d. h., im Raum der Nukleotidsequenzen (jede Achse wird durch ein N_j festgelegt) bewegt sich bei Änderungen der Besetzungszahlen durch Mutationen gemäß

$$N_j \to N_j + 1, \qquad N_k \to N_k - 1 \tag{2.119b}$$

der entsprechende Zustandspunkt auf der durch (2.119a) gegebenen Hyperfläche (eine Gerade im zweidimensionalen Raum von Abb. 2.21). Für die Wahrscheinlichkeit des Übergangs (2.119b) unter

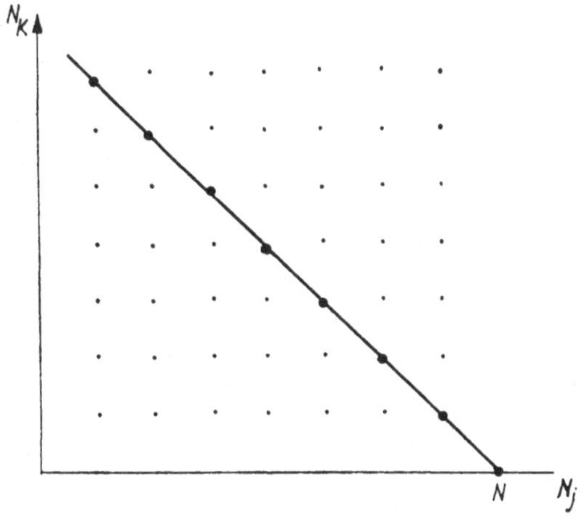

Abb. 2.21. Gerade als spezielle Hyperfläche im zweidimensionalen Raum der Besetzungszahlen der Nukeotidsequenzen

der Bedingung (2.119a) wird geschrieben (der senkrechte Strich bedeutet: „unter der Bedingung, daß"):

$$w(N_1, \ldots, N_j + 1, \ldots, N_k - 1, \ldots, \mid N_1, \ldots, N_j, \ldots, N_k, \ldots) = f(N_i) \qquad (2.119c)$$

(bedingte Wahrscheinlichkeit w). Abhängig von $f(N_i)$ lassen sich stochastische Evolutionsmodelle (Ebeling u. a. 1984, Feistel u. a. 1985) unter Berücksichtigung verschiedener Mutations- und Reproduktionsraten und Kopplungen studieren.

2.1.3.3.2. *Biologische Phasenübergänge*

Phasenübergänge gehören in den Bereich der Statistik, weil sie ein Vielteilchenphänomen darstellen. Es ist bis heute nicht gelungen, z. B. die Schmelztemperatur der einfachsten Substanzen mit Hilfe der Statistik auf der Basis der Gleichgewichtsthermodynamik zu berechnen. Allerdings scheint es sich bei analogen biologischen Phänomenen um Phasenübergänge zweiter Art zu handeln (vgl. 2.1.2.2.2.1.). Außerdem wird dabei eine Behandlung mittels der komplizierteren Nichtgleichgewichtsstatistik angemessener sein. Obendrein ergibt sich die zusätzliche Komplikation von 10^{10} und mehr Freiheitsgraden (bei biologischen Systemen wie Makromolekülen und Zellen gegenüber einfachen physikalischen Systemen mit ca. 10 Freiheitsgraden). Auf Grund dieser Kompliziertheit sei hier auf die umfangreiche Darstellung von Horsthemke u. a. 1984 verwiesen. Nur wenige Beispiele seien verbal angedeutet. Zuerst die Nervenleitung (vgl. 2.1.3.3.3.). Der Übergang der Nervenmembran (vgl. auch 2.2.1.) vom Ruhezustand in den angeregten Zustand kann als Phasenübergang betrachtet werden: Durch elektrostatisch gekoppelte Proteinmoleküle bewirkte Ladungsverschiebung infolge Adsorption von Ca-, Na-, K-Ionen an der Membraninnenwand (Haken 1973). Das zweite Beispiel betrifft die Lungenbläschen. Es koexistieren große und kleine nebeneinander. (Dagegen bläst eine kleine Seifenblase, verbunden mit einer großen, diese auf.) Die Oberflächenspannung muß also eine bestimmte Radiusabhängigkeit besitzen. Sie wird bei jedem Atemzug durch einen Phasenübergang der an der Bläscheninnenseite befindlichen Lipidschicht bewirkt (zur Strukturänderung vgl. Stierstadt 1979, Träuble 1974; die in 2.1.1.2.1.2. erwähnten Druck-Volumen-Isothermen-Diagramme vom van-der-Waals-Typ mit kritischem Punkt).

2.1.3.3.3. Thermodynamik des Denkens

Auch bzgl. des Denkens sind thermodynamische „molekulare“ Modelle entwickelt worden (Kobozev 1971). Einer chaotischen Bewegung wird durch einen Konzentrationsgradienten“ (ψ-Feld) eine Richtung aufgeprägt: Vektoriell-Brownsche Bewegung. Wie komplex jedoch eine endgültige Thermodynamik des Denkens vielleicht einmal aussehen könnte, ist z. B. daran zu ermessen, daß sie Elemente der frühesten Evolution berücksichtigen muß. Menschliches Sehen, eine Grundvoraussetzung menschlichen Denkens, scheint pflanzlichen Ursprungs zu sein. Das in 2.1.2.3. erwähnte Bakteriorhodopsin kommt nicht nur bei der Photosynthese vor, sondern auch in der Netzhaut des menschlichen Auges. Damit wird die Thermodynamik der Photosynthese relevant für eine Thermodynamik des Denkens. Außerdem ist auch in diesem Zusammenhang die „thermodynamische“ Wechselwirkung zwischen System und Umwelt in ganz konkreter Form zu erwähnen: Denken als abstrakter Vorgang hängt eng mit „Erfassen“, „Überblicken“ und „Begreifen“ zusammen.

2.1.3.3.4. Dissipation bei der Photosynthese

Die Photosynthese ist an eine hochgradige Nichtgleichgewichtssituation gebunden (vgl. Entropieexport der Erde in 4.1.1.2.). Zu möglichen Anwendungen der Nichtgleichgewichtsstatistik auf die Photosynthese können hier nur Hinweise auf Dissipationsstellen im molekularen Photosynthese-Mechanismus gegeben werden (Renger 1982): a) Existenz einer maximalen Wellenlänge für die Nutzung durch die Photosynthese. Die Energien größerer Wellenlänge werden dissipiert. b) Existenz einer Optimalkopplung zwischen Licht- (2.1.2.2.4.) und Dunkel- (2.1.2.1.2.2.) Reaktion der Photosynthese. Diese Kopplung entscheidet auch über den Grad der Irreversibilität. c) Existenz irreversibler Verluste in den Elektronentransportketten (2.1.2.2.4.). Die Punkte a) bis c) haben Anteil daran, daß der thermodynamische Wirkungsgrad von 0,7 in 2.1.2.3. auf ca. 5% absinkt, den Maximalwert, den eine Zuckerrohrpflanze erreicht. Dieser Wert sinkt nochmals auf 0,5%, wenn die Photosynthese auf der gesamten Erde betrachtet wird (4.1.1.3.).

2.2. Zellulares Niveau

Die Zelle ist diejenige Einheit des Lebens, in der chemische Reaktionen und Transportvorgänge von Stoff und Energie in einem Informationsgefüge höchster struktureller und funktioneller Ordnung auf kleinstem Raum mit großer Geschwindigkeit und Präzision ablaufen. Sie stellt damit das kleinste biologisch ganzheitliche Objekt für die Anwendung der Thermodynamik dar. Mit Hilfe von Beispielen soll diese an den Zellbegrenzungsstrukturen, an der gesamten Zelle, an Zellpopulationen und am Zellinneren demonstriert werden.

2.2.1. Transport durch Membranen

Im biologischen Sinne sind Membranen (Davies 1974, Glaser 1983 l. c., Martonosi 1982) die Grenze zwischen System und Umwelt. Zellen sind an die Existenz dieser „offenen" Grenzen gebunden. War auf der molekularen Ebene des Lebens (z. B. 2.1.3.2.2.3.) die Komplementarität von Zufall und Notwendigkeit ausschlaggebend, so ist es auf der zellularen Ebene infolge des durch die Membranen bewirkten selektiven Ein- und Austritts von Molekülen die Dualität von Kontakt und Isolation. — Basis für jeglichen Transport durch Membranen ist wieder der thermodynamische Grundvorgang der Diffusion. Jedoch ist sie nicht nur für diese thermodynamische Funktion der Membran verantwortlich, sondern auch für deren Struktur. Eine Membran stellt nicht einfach eine „(thermo)statische" ebene „kristalline" Ordnung aus Lipid- und Proteinmolekülen dar. Es finden vielmehr neben Platzwechselvorgängen auch Neubildungen von Molekülen und Molekülaggregaten in der Membran statt, so daß es sich um eine echte, auf Diffusion gegründete, „(thermo)dynamisch" geordnete Struktur handelt. Auch das Wachstum der Zellen ist auf Grund dieses „flächigen" thermodynamischen Prozesses „geringer Dicke" erklärbar. Die damit zusammenhängende Flexibilität oder „Unschärfe" der Zellbegrenzung war sicher auch im evolutionären Geschehen der Zellentstehung von größter Bedeutung. — Die fernere Darstellung benutzt sowohl die reversible als auch die irreversible Thermodynamik.

2.2.1.1. *Einfache Begriffe und Vorstellungen zum Membrantransport*

Es soll über die treibenden Kräfte und die zugehörigen Flüsse des Membrantransports in stark vereinfachter Form etwas gesagt werden. Beispielsweise läßt sich bei einem Ladungstransport durch Membranen nicht immer eindeutig feststellen, ob er Ursache oder Wirkung einer Potentialdifferenz ist. Außerdem müßte an jeder Stelle explizit fixiert werden, ob es sich um Molekularsiebe, semipermeable oder permeable Membranen der Technik (Modellmembran) oder um biologische Membranen (Froschhaut, Erythrozyten, Escherichia coli, Muskelgewebe usw.) handelt, ob kleine oder große Ionen bzw. neutrale Moleküle transportiert werden und ob diese metabolisch wirksam sind oder nicht.

2.2.1.1.1. *Treibende Kräfte und zugehörige Flüsse des Membrantransports*

Die treibenden Kräfte sind thermodynamische Größen:

a) Hydrostatische Druckdifferenz: Sowohl Moleküle des Lösungsmittels als auch des gelösten Stoffs können durch Molekularsiebe hindurchgepreßt werden. Wahrscheinlich hat dieser Prozeß z. B. für das Zottenpumpwerk bei der Darmresorption Bedeutung.

b) Osmotischer Druck: Er wird nach 2.1.2.2.1. durch Konzentrationsunterschiede einer gelösten Substanz verursacht und bewirkt bei einer inpermeablen Membran eine Membranverschiebung, bei einer semipermeablen einen Fluß des Lösungsmittels durch die Membran und bei einer permeablen zusätzlich einen Fluß der gelösten Substanz. In den beiden durch die permeable Membran der Dicke Δx getrennten Bereichen sei die Konzentration der gelösten Substanzen c_l und c_r (Abb. 2.22). Zwei hypothetische Verläufe 1 und 2 sind für die schwer meßbaren Konzentrationen innerhalb der Membran ebenfalls eingetragen. Es ergibt sich ein Fluß der gelösten Substanz gemäß

$$J = P(c_l - c_r). \tag{2.119}$$

P ist der Permeabilitätskoeffizient der Membran in m s^{-1}, wenn die Massenstromdichte J in kg m^{-2} s^{-1} und die Konzentration c in kg m^{-3} gemessen wird. Gl. (2.119) entspricht (2.7) mit $J = \frac{1}{A'} \times \frac{\mathrm{d}m}{\mathrm{d}t}$, $P = \frac{D}{\Delta x}$ und $\mathrm{d}c = c_l - c_r$. Man spricht bei diesem auf

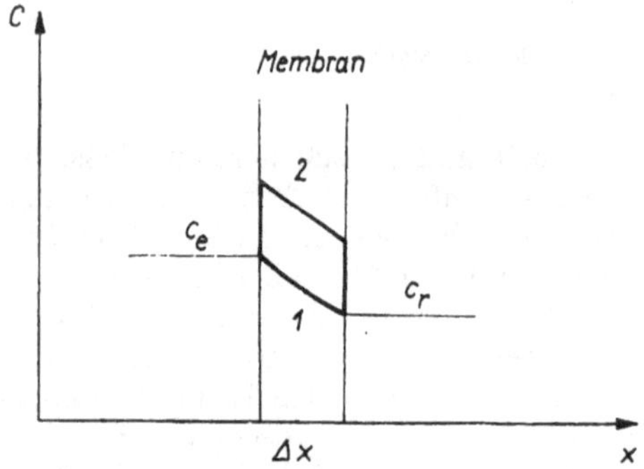

Abb. 2.22. Konzentrationsverlauf links und rechts einer Membran und innerhalb der Membran

reiner Diffusion beruhenden Membrantransport von passivem (Entropiezunahme) Transport. Mit diesem Mechanismus kann eine Zelle niemals Substanzen in ihrem Inneren anhäufen, so daß deren Konzentration höher als in der Umgebung ist. Wird aber zu einer Zellsuspension eine bestimmte Substanz zugegeben, so findet ein Konzentrationsausgleich statt, indem die Zelle Substanz aufnimmt. Mit $\mathrm{d}m = V\,\mathrm{d}c$ werden die Gleichungen (2.7) und (2.119) umgeformt in (V = Zellvolumen, A' = Zelloberfläche)

$$\frac{\mathrm{d}c}{c} = -P\,\frac{A'}{V}\,\mathrm{d}t. \tag{2.120}$$

Integration ergibt die Konzentrationsdifferenz zur Zeit t:

$$(c_l - c_r)_t = (c_l - c_r)_{t=0} \exp\left(-P\,\frac{A'}{V}\,t\right), \tag{2.121}$$

wenn sie anfangs $(c_l - c_r)_{t=0}$ betrug und c_r die Konzentration im Zellinneren ist. Durch Umstellung von (2.121) ergibt sich mit der Halbwertszeit $t = \tau$, die durch

$$(c_l - c_r)_{t=\tau} = \frac{(c_l - c_r)_{t=0}}{2} \tag{2.122}$$

definiert ist, der Ausdruck

$$P = \frac{V}{A'\tau}\ln 2. \tag{2.123}$$

Für Wasser wird damit ein Wert in der Größenordnung von 10^{-6} m $\times$ s^{-1} gemessen. Größere Moleküle mit guter Fettlöslichkeit zeigen ähnliche Werte, was auf der in 2.2.1. erwähnten Lipidkomponente der Membran beruht.

c) Katalytisch unterstützter osmotischer Druck: Die P-Werte bei Erythrozyten des Menschen und des Rinds unterscheiden sich für Glyzerin um zwei Größenordnungen ($2 \cdot 10^{-7}$ bzw. $2 \cdot 10^{-5}$ cm $\times$ s^{-1}), während sie das für andere Substanzen nicht tun. Es scheint ein enzymatisch unterstützter passiver Transport vorzuliegen. Bei Zuckern wurden z. B. Charakteristiken der Art

$$J = \frac{cJ_{\max}}{K + c} \tag{2.124}$$

gefunden (J = Massenstromdichte des Zuckers, c = Zuckerkonzentration in der Zellsuspension, K = Konstante; vgl. auch (2.91)). Der Vorgang der Zuckeraufnahme läßt sich bei Erythrozyten elegant mittels Lichtstreuung messen: Zuckeraufnahme ergibt höheren osmotischen Druck im Erythrozyten, dadurch wird ein Nachfließen von Wasser bewirkt (vgl. 2.1.2.2.1.), das Zellvolumen vergrößert sich, die Lichtstreuung vermindert sich. Die Enzyme solcher Prozesse heißen Permeasen (vgl. die in 2.2.1. erwähnte Proteinkomponente von Membranen). Sie ändern analog allen anderen Enzymen den durch spontanen Ausgleich eines Konzentrationsgefälles angestrebten Gleichgewichtszustand nicht.

d) Elektromotorische Kraft (EMK): Wenn es sich beim Membrantransport um geladene Atome oder Moleküle handelt, kann zusätzlich noch eine Potentialdifferenz (elektrische Spannung, EMK) wirksam werden. Diese ergibt sich aus (2.59) und hat einen passiven Transport bis zum Ladungsausgleich zur Folge.

e) Treibende Kraft gegen ein Konzentrationsgefälle: Auch im Rahmen des passiven Transports gibt es Mechanismen, die solche Kräfte erzeugen können. Zur Erläuterung wird (1.44) für zwei Substanzen 1 und 2 aufgeschrieben:

$$J_1 = L_{11}X_1 + L_{12}X_2, \tag{2.125a}$$

$$J_2 = L_{21}X_1 + L_{22}X_2. \tag{2.125b}$$

Die thermodynamischen Kräfte X_1 bzw. X_2 sollen ein Konzentrationsgefälle nach rechts bzw. links (d. h., positiv bzw. negativ) bzgl. der Membran bezeichnen. Die entsprechenden Flüsse J_1 bzw. J_2 sind also nach rechts bzw. links gerichtet. Ist $L_{21}X_1$ betragsmäßig größer als $L_{22}X_2$, so geschieht auf Grund der Kopplung in

(2.125b) das Unerwartete, aber ganz Natürliche, daß Moleküle der Substanz 2 (J_2!) von links nach rechts fließen, also gegen das Konzentrationsgefälle von X_2. Diese Entropieverminderung geschieht auf Kosten der Entropievermehrung (passiver Transport) beim „richtig gerichteten" Fluß J_1 der Moleküle der Sorte 1 von links nach rechts. In Zellsuspensionen kann z. B. ein in die Zellen eingedrungener Zucker durch einen weiteren zugegebenen anderen Zucker wieder aus diesen herausgetrieben werden, gegen seinen eigenen Konzentrationsgradienten (Gegenstrom- oder counter-flow-Effekt).

Das wichtigste Transportphänomen für selektive permeable biologische Membranen ist der aktive Transport. Hierbei wird ohne Kopplungseffekt unter Energieaufwand ein Transport gegen eine Konzentrationsdifferenz, d. h. gegen eine Differenz der Freien Enthalpie bzgl. der beiden Membranseiten, bewirkt. Die Energie wird durch chemische Reaktionen bereitgestellt. Die treibende Kraft ist ein Stoffwechselvorgang (metabolischer oder aktiver Transport). Da auf diese Weise sowohl neutrale Moleküle (z. B. Zucker in Darmepithelzellen) als auch Ionen (z. B. K^+, Ca^{2+} in Erythrozyten) transportiert werden, sind die entsprechenden „Pumpen" für den „Bergauf"-Transport sowohl chemischer als auch elektrochemischer Natur (vgl. die in 2.1.2.1.3. erwähnte Protonenpumpe und die chemiosmotische Hypothese, ebenfalls die Natriumpumpe in 2.2.1.1.2.). Häufig fungiert ATP (vgl. 2.1.2.1.3.) als Energielieferant. – Abschließend sei der aktive Transport am Carrier(Träger)-Modell erläutert (Abb. 2.23). Die Kugeln stellen die im Außenmedium der Zelle befindlichen, zu transportierenden Substratmoleküle niedriger Konzentration dar. Aktive Träger-

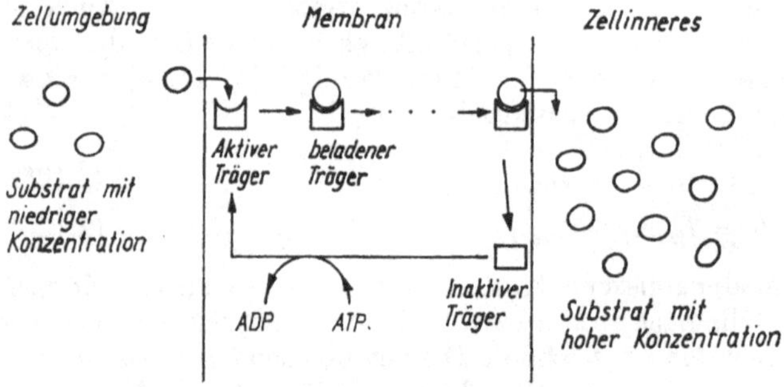

Abb. 2.23. Aktiver Membrantransport

moleküle (ausgehöhlte Quadrate) nehmen infolge ATP-Hydrolyse-Energiebereitstellung Substratmoleküle auf und geben diese auf der Membraninnenseite an das Zellmedium mit hoher Konzentration ab. Eigentlich findet also ein passiver Transport beladener Trägermoleküle statt.

2.2.1.1.2. Ergänzende Bemerkungen zum Membrantransport

Die Glukoseaufnahme der Zelle ist die Grundlage für ihre Ernährung. Durch eine grobe Überschlagsrechnung soll jetzt gezeigt werden, daß im Laufe der Evolution immer schon Mechanismen wie der katalysierte passive oder aktive Transport vorhanden gewesen sein müssen. In einer Suspension (1 l entspricht ca. 1 kg) befinden sich Zellen mit einer Trockenmasse von 200 g und einer Sauerstoffverbrauchsrate von 20 ml g^{-1} h^{-1}. Mit dem Molvolumen eines Gases von 22,4 l bei einer Atmosphäre (1 atm $\approx$ 0,1 MPa) und 0 °C ergibt sich die Sauerstoffverbrauchsrate R_{O_2} zu $\frac{20 \text{ ml g}^{-1}\text{ h}^{-1} \cdot 200 \text{ g}}{22{,}4 \text{ l mol}^{-1}} = 1{,}8 \cdot 10^{-1} \text{ mol h}^{-1}$. Da nach (2.41) die Rückreaktion der Glukoseverbrennung sechs Sauerstoffmoleküle erfordert, wird die Glukoseverbrauchsrate R_{Gl}

$$R_{Gl} = (1/6)\, R_{O_2} = 3 \cdot 10^{-2} \text{ mol h}^{-1}. \qquad (2.126)$$

Andererseits gilt für die Aufnahmerate der Glukose mit $A' = 10^6$ cm^2, $P = 6 \cdot 10^{-5}$ cm h^{-1}, $c = 5 \cdot 10^{-3}$ mol l^{-1} (im Innenraum der Zelle sei die Glukosekonzentration infolge ständigen Stoffwechsels Null) gemäß (2.119):

$$R_A = JA' = A'P\Delta c = 10^6 \text{ cm}^2\, 6 \cdot 10^{-5} \text{ cm h}^{-1}\, 5 \cdot 10^{-3} \text{ mol l}^{-1}$$
$$= 3 \cdot 10^{-4} \text{ mol h}^{-1}. \qquad (2.127)$$

Der Vergleich mit (2.226) weist eine absolut unzureichende Zufuhr von Glukose durch passiven Transport aus, die den Hungertod der Zelle bedeutete.

Kann mittels der durchgeführten Rechnung theoretisch die Notwendigkeit aktiver Membrantransportmechanismen geschlußfolgert werden, so ergab ein anderer Befund an biologischen Membranen sogar eine geschlossene physikalische Theorie. Bei der Benutzung von Zellen als Osmometer stellte PFEFFER (vgl. 2.1.2.2.1.) fest, daß in ihnen jeweils der gleiche osmotische Druck herrschte, wenn die Lösungen des äußeren Mediums (nachgestelltes m bedeutet molar und entspricht mol l^{-1}) 0,3 m für Saccharose, 0,15 m für Kochsalz (NaCl) und 0,1 m für Kalziumchlorid ($CaCl_2$) waren. Schon 1887 konnte ARRHENIUS seine Theorie der elektrolytischen Dissoziation auf Grund dieses Tatbestandes vorlegen.

Der Bedeutung dieses historischen Zusammenhangs von Membranphänomenen und Ionentheorie Rechnung tragend, sollen zum Abschluß zwei Phänomene erwähnt werden. Zuerst das DONNAN-Gleichgewicht. Es wird wieder die schematische Anordnung von Abb. 2.22 betrachtet. Das linke Kompartiment beinhalte in der wäßrigen Lösung NaCl und ein Na-Salz eines Proteins, das rechte bestehe aus reinem Wasser. Die Membran sei für Na^+, Cl^- und H_2O permeabel, aber nicht für das Proteinion. Es wird nur das Ergebnis der thermodynamischen Rechnungen genannt: Im Gleichgewicht (GLASER 1986 l. c.), d. h., wenn die Forderung der Elektroneutralität und der Gleichheit der chemischen Potentiale auf beiden Seiten der Membran erfüllt ist, stellt sich eine unsymmetrische Ionenverteilung ein.

Eine solche tritt auch im Zusammenhang mit der sogenannten Natriumpumpe auf. Hier liegt aber ein Nichtgleichgewichtszustand vor. Bei Nerven- oder Muskelzellen entspricht der linke Halbraum der Abb. 2.22 dem Zellinneren. Dort findet man wegen der Impermeabilität eine hohe Konzentration der negativen Proteinionen vor. Obendrein existiert eine völlig unsymmetrische Na^+- bzw. K^+-Verteilung (außen bzw. innen hohe Konzentration), die für den erregten Zustand der Zelle maßgeblich ist. Auch wenn K^+ und Na^+ wegen ihrer großen Hydrathülle nur langsam diffundieren, müßte nach langer Zeit ein Ausgleich stattfinden. Aber im Gegenteil werden die in die Zelle hineindiffundierenden Na^+-Ionen wieder aus ihr herausgepumpt, so daß die unsymmetrische Verteilung durch einen Natriumauspumpmechanismus aufrecht erhalten wird. An diesen scheint ein Kaliumeinpumpmechanismus direkt gekoppelt zu sein. Außerdem wird die Natriumpumpe durch z. B. Cyanid und Temperaturerniedrigung reversibel gehemmt. Durch intrazelluläre ATP-Injektion kann diese Hemmung wieder rückgängig gemacht werden. Also ist auch hier wahrscheinlich der Energielieferant für den aktiven Transport wieder ATP (vgl. Abb. 2.23).

2.2.1.2. Spezielle Untersuchungen zu Membraneigenschaften

Es sollen nun im wesentlichen noch einige Untersuchungen von Membraneigenschaften aus den Arbeitsgruppen von E. MÜLLER in Jena und von R. GLASER in Berlin zitiert werden. — Ausgehend von Fragen nach dem (aktiven) Transport bei Chlorella (Müller u. a. 1970) und Vallisneria (Bräutigam u. a. 1975) wurde die Maiskoleoptile (Nelles u. a. 1975a, 1975b, 1983) zum Forschungsgegenstand. In der zuletzt zitierten Arbeit findet man einen neuen Ansatz für den diffusiven Anteil des Membranpotentials und die Diskussion zugehöriger Einflußfaktoren. Membranphänomene rückten also unmittelbar in den Mittelpunkt (vgl. auch Keller u. a. 1980, Dahse u. a. 1981). Im Zusammenhang damit sind auch Untersuchungen zum Phytochromsystem zu sehen (Hattenbach u. a., 1982, Hermann u. a. 1980, 1982, 1983). — Über den Erythrozyten mit seinen Form- und korrelierten Potentialänderungen (Glaser 1982) gestatten Untersuchungen mittels des rotierenden elektrischen Felds eine Reihe von Aussagen bzgl. der Membraneigenschaften zu fixieren (Glaser u. a. 1983: auch ein Vergleich mit Pflanzenzellen, Glaser 1986: Review-Artikel zum rotierenden elektrischen Feld als Membranuntersuchungsmethode).

Zum Abschluß möge der Hinweis stehen, daß Membrantransportvorgänge alles andere als nur akademisches Interesse besitzen: Viele Prozesse der Biotechnologie sind heute ohne sie nicht durchführbar. Beispielsweise wurde von Tietze 1975 ein Vorausberechnungsschema für Umkehrosmoseprozesse (Druck auf der Seite der Lösung gegenüber dem Lösungsmittel ist größer als der osmotische Druck) entwickelt, das von biologischem Interesse ist: Es wurde im Hinblick darauf erarbeitet, aus Molke Proteinkonzentrate (z. B. Ernährung von Leistungssportlern) herzustellen. — Wie eng die mit der Thermodynamik in mehrfacher Hinsicht verquickte Kopplung von Biologie und Technik bei Membranphänomenen ist, zeigt z. B. auch eine Arbeit über Anwendung von kristallinen Bakterienmembranen als biotechnische Filter (Sara u. a. 1985).

2.2.1.3. *Anwendung der Netzwerkthermodynamik auf den Membrantransport*

Die Thermodynamik der irreversiblen Prozesse wurde zuerst von Katchalsky u. a. 1967 konsequent und ausführlich auf den Membrantransport angewendet (vgl. schon Kedem, Katchalsky 1958). Daraus folgte dann die elegante Methode der Netzwerkthermodynamik (Oster u. a. 1971, Schnakenberg 1977). In Analogie zu elektrischen Netzwerken aus Zweipolen (Kapazität, Induktivität zur Energiespeicherung und Widerstand zur Energiedissipation) und Vierpolen (Transduktoren zur verlustlosen Energietransformation) wird mittels geeigneter Entsprechungen zu den thermodynamischen Kräften und Flüssen ein thermodynamisches Netzwerk aufgebaut. Für eine Membran ergibt sich daraus die Differentialgleichung (vgl. LEUSCHNER 1979) für das chemische Potential $\bar{\mu}_m$ der Membran (C_M = Kapazität und R_M = Widerstand der Membran):

$$\frac{d\bar{\mu}_M}{dt} = \frac{2}{C_M R_M} (\bar{\mu}_m - \bar{\mu}_M) \tag{2.128}$$

mit $\bar{\mu}_m$ = mittlerer Wert des chemischen Potentials links und rechts der Membran. Die Integration liefert eine zeitabhängige Exponentialfunktion für $\bar{\mu}_M$. Über den örtlichen Verlauf läßt sich mit diesem einfachen Modell nichts aussagen. Mehrere Widerstände und Kapazitäten sind dazu nötig.

2.2.2. *Die Zelle als „Fabrik"*

Kennzeichnend für die Funktion der Zelle sind aus thermodynamischer Sicht die Aufnahme energiereicher (entropiearmer) Stoffe und die Abgabe von energiearmen (entropiereichen) Stoffen, von Arbeit und von Wärme, wobei geordnete Stoffe entstehen. Die von der Zelle an ihre Umgebung pro Zeiteinheit abgegebene Entropie muß in jedem Falle die Entropieproduktion in ihrem Inneren übersteigen, damit sie am Leben bleibt. Es gilt also wegen $dS \leqq 0$ (vgl. (1.19) und (1.20)) mit $đ_a S < 0$ (*Entropieexport*):

$$-đ_a S \geqq đ_i S \geqq 0\,. \tag{2.129}$$

Daraus folgt mit (2.28) in differentieller Form:

$$-T\,d_a S + dH \geqq T\,d_i S + dH\,,$$
$$d_a G \geqq T\,d_i S + dH\,. \tag{2.130}$$

Die Zufuhr von freier Enthalpie von außen muß bei dem isobaren und isothermen System Zelle in dem Maße erfolgen, daß die Änderungen durch Entropieproduktion und durch Enthalpieänderungen wenigstens gerade ausgeglichen werden. Diese Ungleichung gilt für *jedes lebende System* (Zelle, Organ, Organismus, Biozönose).

Schreibt man (2.129) z. B. für eine photosynthetisierende Zelle

(z. B. Chlorella) auf, so ergibt sich als stationäre Lebensbedingung

$$-\frac{\mathrm{d}_a S}{\mathrm{d}t} = \dot{Q}_\mathrm{L}\left(\frac{1}{T_\mathrm{U}} - \frac{1}{T_\mathrm{Z}}\right) + \frac{4}{3}\left(\frac{\dot{Q}_\mathrm{E}}{T_\mathrm{Z}} - \frac{\dot{Q}_\mathrm{A}}{T_\mathrm{U}}\right)$$

$$- \sum_j \frac{4}{3}\frac{\dot{Q}_{P,j}}{T_{P,j}} + \frac{1}{T_\mathrm{Z}}\sum_k \bar{\mu}_k \frac{\mathrm{d}_a n_k}{\mathrm{d}t} \geqq \frac{\mathrm{d}_i S}{\mathrm{d}t} > 0\,. \qquad (2.131)$$

$\dot{Q}_\mathrm{L}$ = Wärmemenge pro Zeiteinheit, die durch Wärmeleitung zwischen Zelle und Umgebung ausgetauscht wird, T_U = Umgebungstemperatur, T_Z = Zelltemperatur, 4/3 = PLANCKscher Formfaktor für Entropieexport durch Strahlung, $\dot{Q}_\mathrm{E}$ = von der Zelle emittierte Strahlungsenergie pro Zeiteinheit; $\dot{Q}_\mathrm{A}$ = von der Zelle pro Zeiteinheit absorbierte Strahlungsenergie; $\dot{Q}_{P,j}$ = von der Zelle bei der wirksamen Strahlungstemperatur $T_{P,j}$ (berücksichtigt die selektive Absorption der Photosynthesepigmente, SAGROMSKY 1967) absorbierte Strahlungsenergie pro Zeiteinheit; $\bar{\mu}_k$ = chemisches Potential des Stoffes k; n_k = Stoffmenge des Stoffes k. In (2.131) liegt für das thermodynamische Nichtgleichgewicht der Zelle eine ähnlich grundsätzliche Gleichung wie die GIBBSsche Fundamentalgleichung (1.27) für das Gleichgewicht vor, wobei jeweils der 1. HS (Energiebilanz) und der 2. HS (Entropiebilanz) enthalten sind. Eine Erweiterung durch fernere Terme ist möglich.

Ist durch ständigen Energiezufluß unter Umwandlung von elektromagnetischer Strahlungsenergie der Sonne in chemische Nutzarbeit (2.131) erfüllt, so kann man nach MOROWITZ 1978 ein Modell aufstellen, aus dem folgt, um welchen Betrag die freie Enthalpie aller nichtwäßrigen Zellbestandteile über der des Gleichgewichts liegt. Die Biomasseerzeugung in der Zelle wird durch drei Gleichungen für die Photosynthese und eine Gleichung für die Respiration beschrieben:

$$\sum_{i=1}^{n} [a_i(1)\, CO_2 + b_i(1)\, N_2 + c_i(1)\, H_2O + d_i(1)\, H_2SO_4$$

$$+ f_i(1)\, H_3PO_4] \rightarrow \text{Biomasse} + \sum_{i=1}^{n} g_i(1)\, O_2\,, \qquad (2.132\text{a})$$

$$\sum_{i=1}^{n} [a_i(2)\, CO_2 + b_i(2)\, HNO_3 + c_i(2)\, H_2O + d_i(2)\, H_2SO_4$$

$$+ f_i(2)\, H_3PO_4] \rightarrow \text{Biomasse} + \sum_{i=1}^{n} g_i(2)\, O_2\,, \qquad (2.132\text{b})$$

$$\sum_{i=1}^{n} [a_i(3)\, CO_2 + b_i(3)\, NH_3 + c_i(3)\, H_2O + d_i(3)\, H_2SO_4 + f_i(3)\, H_3PO_4] \rightarrow \text{Biomasse} + \sum_{i=1}^{n} g_i(3)\, O_2\,, \tag{2.132c}$$

$$\sum_{i=1}^{n} [m_i(4)\, C_6H_{12}O_6 + b_i(4)\, NH_3 + d_i(4)\, H_2SO_4 + f_i(4)\, H_3PO_4] \rightarrow \text{Biomasse} + \sum_{i=1}^{n} [v_i(4)\, CO_2 + s_i(4)\, H_2O]\,. \tag{2.132d}$$

Für alle vier Reaktionsgleichungen gilt nach (2.28)

$$\Delta G_j = \Delta H_j - T \cdot \Delta S_j \qquad (j = 1, \ldots, 4)\,. \tag{2.133}$$

Um den Wert der freien Enthalpie auszurechnen, müssen die stöchiometrischen Koeffizienten bekannt sein. Sie ergeben sich aus der mittleren chemischen Zusammensetzung der Biomasse. Man setzt diese in grober Näherung mit der Trockenmassezusammensetzung von Escherichia-coli-Bakterien gleich und faßt sie als riesengroßes Biopolymermolekül auf, das in zwei Schritten entsteht. 1. Schritt: Aminosäuren-, Zucker- und Fettsäurebildung. 2. Schritt: Biopolymerbildung. Für den 1. Schritt erfolgt die Berechnung von (2.133) gemäß 2.1.2.1.2.2., während für den zweiten Schritt eine geeignete Polymerstatistik (Zusammensetzung aus Monomeren; für die Entropieberechnung wird (1.65) herangezogen) benutzt wird. Insgesamt ergibt sich ein den Abstand der Zelle vom Gleichgewicht charakterisierender Wert der freien Enthalpie aller nichtwäßrigen Zellbestandteile von 20 bis 25 kJ in einem Mol. Der durch Entropie bedingte Anteil ist kleiner als 5%.

Nun noch ein Wort zur Effektivität der Thermodynamik (Energieumwandlung und -speicherung) von Zellen mit Photosynthese. Beim derzeitigen Stand der Forschung kann ein Vergleich von drei Photosynthesetypen mit entsprechender zellularer Differenzierung angestellt werden (Abb. 2.24). Der in (a) als Teilprozeß aufgeschriebene Calvin-Zyklus wird bei C3-Pflanzen gefunden. Das erste stabile Zwischenprodukt der CO_2-Assimilation ist eine Verbindung mit drei C-Atomen (PG). Bei den C4-Pflanzen mit dem vorgelagerten, in den kleinen Mesophyllzellchloroplasten ablaufenden Hatch-Slack-Zyklus (Dicarbonsäureweg der Photosynthese mit dem ersten stabilen Zwischenprodukt Malat, das vier C-Atome enthält) gehen beide Zyklen simultan, aber örtlich

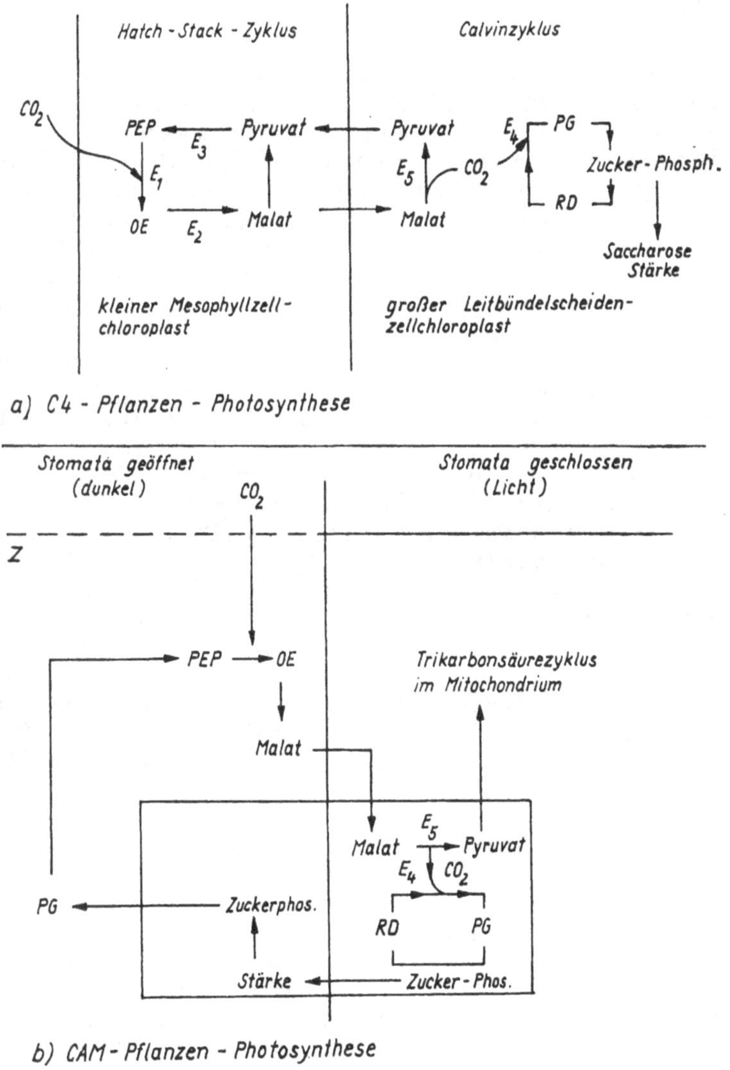

Abb. 2.24. Photosynthesetypen grüner Pflanzenzellen: (a) C4-Pflanzen, (b) CAM-Pflanzen. PEP = Phosphoenolpyruvat, OE = Oxalessigsäure, PG = 3-Phosphoglycerinsäure, RD = Ribulose-1,5-diphosphat, E_1 = Phosphoenolpyruvatcarboxylase, E_2 = Malatdehydrogenase, E_3 = Pyruvatphosphatdikinase, E_4 = Ribulosediphosphatcarboxylase, E_5 = NADP-abhängiges Malatenzym

getrennt vonstatten. Eine zeitliche Trennung von zwei Teilprozessen der Photosynthese liegt dagegen beim Crassulaceensäuremetabolismus (crassulacean acid metabolism) der CAM-Pflanzen vor: Nachts wird bei geöffneten Spaltöffnungen CO_2 in Malat gebunden, was dann bei Tage im Licht innerhalb der Pflanze (geschlossene Spaltöffnungen) wieder abgegeben wird und im CALVIN-Zyklus verarbeitet wird. Die Frage, ob die Effektivitätserhöhung der Photosynthese durch örtliche oder durch zeitliche Trennung evolutionsgeschichtlich früher anzusetzen ist, läßt sich heute noch nicht beantworten. Das ist um so schwieriger, da es auch im Tierreich autotrophe Ernährung gibt: Meeresschnecken mit Chloroplasten (Anonym 1970). Die Entscheidung ist offen, ob Symbiose oder eine phylogenetische Zwischenstufe vorliegt (zur energetisch-phylogenetischen Seite der Photosynthese: Anonym 1969, KULL 1970, OLSON 1970, RAVEN 1970). Phänomenologisch kann dagegen zur stofflichen und energetischen Effektivität der drei Photosynthesetypen (LANGE u. a. 1976, SCHLEE 1981) gesagt werden, daß C4-Pflanzen und CAM-Pflanzen eine bessere CO_2-Verwertung als C3-Pflanzen zeigen, denn am Ort der eigentlichen Photosynthese mittels des CALVIN-Zyklus steht eine wesentlich höhere CO_2-Konzentration zur Verfügung als in der Außenluft, auf die die C3-Pflanzen angewiesen sind. Außerdem ist das bei C4-Pflanzen (z. B. Zea mays) gefundene Verhältnis von transpiriertem Wasser zu photosynthetisch fixiertem CO_2, was der produzierten Trockenmasse entspricht, kleiner als bei C3-Pflanzen. Dasselbe gilt erst recht für CAM-Pflanzen mit tagsüber bei hoher Temperatur geschlossenen Spaltöffnungen (Wechselwirkung von Photosynthese und Transpiration: CONSTABLE u. a. 1980).

Abschließend eine Bemerkung zur heterotrophen tierischen Zelle. Kann man die Pflanzenzelle mit einer nicht sehr effektiv Stoff (Stärkekörner sind im grünen Blatt schon nach kurzen Belichtungszeiten nachweisbar, vgl. die beeindruckende Photographie mit Hilfe dieses Vorgangs in einschlägigen Botaniklehrbüchern) produzierenden „Fabrik" vergleichen, so muß die tierische Zelle der Homöothermen als „Heizkraftwerk" mit zwar nicht sinnlosen, aber großen Lecks bezeichnet werden. Die Ursachen dieser Wärmeproduktion sind beim ruhenden tierischen Organismus z. B. in der Muskelerwärmung durch Zittern (shivering thermogenesis) und in der Thermogenese des braunen Fettgewebes (non-shivering thermogenesis) zu suchen (GIRARDIER u. a. 1978).

2.2.3. Wachstum von Mikroorganismenpopulationen

Populationen von Mikroben (häufig Einzeller; die unexakte Bezeichnung Mikroorganismus wurde um der Abkürzung MO willen gewählt) spielen in einem Teil der Biotechnologie (Bergter 1984, Moser 1980, Präve 1982, Roels 1983), der Bioprozeßtechnik, eine ganz entscheidende Rolle. Für die energetische Auslegung entsprechender Reaktoren sind thermodynamische Untersuchungen (z. B. Reaktionsenthalpien) von größter Wichtigkeit. Hier soll mehr der kinetische Aspekt interessieren. Die in der Praxis eingesetzten Reaktoren werden z. B. mit Bakterien, Hefen, Pilzen, Algen und Zellsuspensionen zur Gewinnung von z. B. Enzymen (in sogenannten Fermentoren),Futtereiweiß, Methanol als Energieträger, Antibiotika u. v. a. m. betrieben. Als besonders zukunftsträchtig sind aber auch die in der Abwasserbehandlung eingesetzten Stabilisatoren zu nennen, die mit thermophilen Bakterien arbeiten. Sie erreichen Temperaturen von über 50 °C durch Eigenerwärmung (mögliche Nutzung dieser Wärmeproduktion), gestatten einen beträchtlichen Schlammabbau und lassen die Möglichkeit zur Verwendung des Restschlamms offen.

MO-Populationen sind durch hohe Vermehrungsraten gekennzeichnet (Bakterien: z. B. E. coli benötigt 20 min, um von der Mutterzelle zu zwei ebenso großen Tochterzellen zu gelangen). Es wird die Konzentration der MO in einer Nährlösung mit c bezeichnet, gemessen als Biomasse im Volumen. Ihr Zuwachs ist proportional der verbrauchten Nährstoffmasse. Diese wiederum ist proportional der vorhandenen Zahl der MO. Also gilt:

$$\frac{\mathrm{d}c}{\mathrm{d}t} = kc, \tag{2.134}$$

wobei k die spezifische Wachstumsrate darstellt, wie die Auflösung von (2.134) zeigt:

$$k = \frac{1}{c} \frac{\mathrm{d}c}{\mathrm{d}t}. \tag{2.135}$$

Herrschte zur Anfangszeit t_0 die Konzentration c_0, so gilt

$$c = c_0 \, \mathrm{e}^{k(t-t_0)}. \tag{2.136}$$

Diese Konzentrationszunahme der Biomasse beruht auf Wachstum und Teilung der MO. Wird in der Zeit $t - t_0 = \tau$ die Verdopplung der Biomasse $c = 2c_0$ angesetzt, so ergibt sich aus (2.136)

$$\tau = \frac{\ln 2}{k} \approx 0{,}7\,\frac{1}{k}. \tag{2.137}$$

In einem geschlossenen System (Reaktor oder Chemostat mit begrenztem Nährstoffangebot in einem begrenzten Volumen) wird die MO-Kultur „alt“. Infolge Nährstoffmangels und Anhäufung von Stoffwechselprodukten verringern sich Biomassewachstum und Biomasse. Dieses „Altern“ unterscheidet sich prinzipiell von dem biologisch irreversiblen Vorgang bei einem einzelnen vielzelligen Organismus. Wird nämlich die MO-Kultur nach „Entgiftung“ in ein neues Nährstoffreservoir gebracht, beginnt das exponentielle Wachstum von vorn. In der Biotechnologie wird etwas Adäquates in einem offenen System durch diskontinuierlichen oder kontinuierlichen Prozeß mittels Zugabe von Substrat und Entnahme von Biomasse erreicht. In der Natur wird ein ähnlicher kontinuierlicher Prozeß im Blutkreislauf der Wirbeltiere realisiert. Im Knochenmark werden in Sekunden Millionen Erythrozyten erzeugt. Die Konzentration im Blutstrom aber bleibt konstant, weil in Leber und Milz ebensoviele Zellen zugrunde gehen. Hier wie im Chemostaten hängen die sich einstellenden Fließgleichgewichtswerte von thermodynamischen Parametern wie Sauerstoffkonzentration usw. ab.

Die quantitative Untersuchung der spezifischen Wachstumsrate von der Substratkonzentration liefert die MONOD-Kinetik (MONOD 1942):

$$\mu = \mu_{\max} \frac{c_S}{K_{\mathrm{Mo}} + c_S}; \tag{2.138}$$

μ = spezifische Wachstumsrate der Mikroorganismen, $\mu_{\max}$ = Maximalwert von μ, c_S = Substratkonzentration, K_{Mo} = MONOD-Koeffizient. Die Analogie zur MMK bei Enzymen (2.91) ist offenbar. Sie ist nicht verwunderlich, da enzymatische Prozesse die Grundlage aller Wachstumsvorgänge in lebenden Systemen bilden. Ähnlich wie bei Enzymreaktionen wird die Beschreibung der Geschehnisse wesentlich schwieriger, wenn mehrere MO-Arten und Substrate eine Rolle spielen. Außerdem finden sich wie bei der MMK Abweichungen von der MONOD-Kinetik. Ebenso existiert ein Analogon zum Flaschenhalsprinzip der Enzymreaktionen.

Tabelle 2.10.

BASIC-Programm MIRUKU zur Berechnung der Konzentrationen *M* bzw. *S* der Mikrobien bzw. des Substrats in Abhängigkeit von der Zeit *T* in einem diskontinuierlichen Fermentor

Die zugrunde liegenden Differentialgleichungen lauten: SS = −MI*M/Y und MS = MI*M − KT*M. Für den „Zusammenhang" zwischen M und S wurde die Monod-Kinetik gewählt: MI = MY*S/(KO*S). Es sind: SS = Zeitableitung der Substratkonzentration S, MI = spezifische Wachstumsrate, Y = Ertragskoeffizient (Biomasse- durch Substratmasseänderung), KT = Sterberate der Mikrobien, MY = maximale spezifische Wachstumsrate bei großen S-Werten, KO = Monod-Koeffizient. Das Programm wurde zum Zwecke der Demonstration des Prinzips sehr wenig flexibel geschrieben, jedoch ist eine Erweiterung auf mehr als zwei Differentialgleichungen möglich, und die Größen TI (Schrittweite der numerischen Integration in Zeile 90), TP (Schrittweite für die Ausgabe der Ergebnisse in Zeile 100), TT (Zeitintervall der numerischen Integration in Zeile 110) für das numerische Näherungsverfahren sind durch andere Werte ersetzbar. (Zusätzlich sind dann Änderungen im Programm nötig.) In den Zeilen 50, 60, 70, 80 sind KT, Y, KO, MY einzugeben, während in den Zeilen 120 und 130 die Anfangswerte von M und S zur Zeit T = Ø bereitgestellt werden müssen. Die Ergebnisausgabe erfolgt in Tabellenform: Jeweils eine Spalte für T, S und M. Der damit erhaltene Zeitablauf von S und M sollte gezeichnet werden (selbstverständlich kann auch ein Unterprogramm zur graphischen Darstellung geschrieben werden), damit das prinzipielle Verhalten eines allmählichen und dann steilen Abfalls von S auf Null und eines allmählichen, dann stärkeren Anstiegs von M auf einen maximalen Wert mit anschließendem langsamen Abfallen besser sichtbar wird.

```
10 C$="MIRUKU"
20 PRINT C$
30 PRINT STRING$(4Ø,"*")
31 PRINT
32 PRINT
40 PRINT "T","S","M"
50 KT=Ø.Ø2
60 Y =Ø.5Ø
70 KO=1Ø
80 MY=Ø.4
90 TI=Ø.2
100 TP=1.Ø
110 TT=20
120 S=150
130 M=0.2
131 T=0
132 PRINT T,S,M
133 MI=MY*S/(KO+S)
134 SS=-MI*M/Y
135 MS=MI*M-KT*M
136 TA=1:TE=0
137 IF TE>105 THEN PRINT "END":STOP
141 IF TA>5 THEN 1000
142 T=T+TI
160 GS=TI*SS:RS=S:S=S+GS/2
170 GM=TI*MS:RM=M:M=M+GM/2
```

Tabelle 2.10. (Fortsetzung)

```
 180 GOSUB 500
 190 KS=TI*SS:GS=GS+2*KS:S=RS+KS/2
 200 KM=TI*MS:GM=GM+2*KM:M=RM+KM/2
 210 GOSUB 500
 220 KS=TI*SS:GS=GS+2*KS:S=RS+KS
 230 KM=TI*MS:GM=GM+2*KM:M=RM+KM
 240 GOSUB 500
 250 S=RS+(GS+TI*SS)/6
 260 M=RM+(GM+TI*MS)/6
 261 GOSUB 500
 270 TA=TA+TP
 280 GOTO 137
 500 MI=MY*S/(KO+S)
 510 SS=-MI*M/Y
 520 MS=MI*M-KT*M
 530 RETURN
1000 PRINT T,S,M
1010 TE=TE+TA-1:TA=1
1020 GOTO 137
```

Zur Zustandsbeschreibung des kontinuierlichen Chemostaten kann die Verdünnungsrate

$$D = \frac{vA'}{V} \tag{2.139}$$

(v = Geschwindigkeit des Zuflusses, A' = Querschnitt des Zuflusses, V = Volumen des Chemostaten) eingeführt werden. Es gibt dann ein kritisches D_{kr}, das von der maximalen Wachstumsrate und der Substratkonzentration in der zufließenden Nährlösung abhängt. Ist $D > D_{kr}$, so wird die MO-Kultur ausgewaschen. Gilt dagegen $D < D_{kr}$, so kann sich ein stabiles dynamisches Fließgleichgewicht einstellen. In ihm werden kleine Konzentrationsschwankungen ausgeglichen, und die MO-Kulturen können jahrelang gehalten werden. Optimales D_0 (mit und ohne Inhibitoren) und entsprechende maximale Ausbeuten an Biomasse lassen sich rechnerisch und experimentell ermitteln. Der mathematische Apparat von 2.1.3.2.2.1. läßt sich übertragen, so daß die Darstellung des Zeitablaufs des Systems in einer Phasenebene aus Biomasse- und Substratkonzentration erfolgen kann. Prinzipiell können damit auch Instabilitäten und dissipative Strukturen aufgefunden werden. In diesem Zusammenhang seien die bisher nur deskriptiv untersuchten Musterbildungen bei Euglenen genannt (Kahrig u. a. 1977, Nultsch u. a. 1973).

Für das Zeitverhalten eines geschlossenen Chemostaten ist in Tab. 2.10 ein BASIC-Rechenprogramm angegeben. Es wird dabei ein numerisches Näherungsverfahren zur Lösung beliebiger gewöhnlicher Differentialgleichungen (Runge-Kutta-Verfahren, Willers 1957) benutzt und ein einfaches Modell aus einer Mikrobenart und einem Substrat zugrunde gelegt.

2.2.4. *Sedimentation von Zellen*

Im Anschluß an die Besprechung der MO-Populationen, die in Reaktoren einem ständigen Durchmischungsprozeß z. B. durch Rührer unterliegen, wird jetzt etwas zur Übertragung der Überlegungen von 2.1.1.2.2.4. auf Zellansammlungen, die sich nicht in konvektiver Bewegung befinden, gesagt. Sie haben das Bestreben, sich am Gefäßboden abzusetzen. Dies tun Zellen auch ohne Zentrifuge im Erdschwerefeld mit ausreichender Geschwindigkeit. Von Bedeutung ist das für die Zellbiologie (Adam u. a. l. c.: z. B. präparative Auftrennung von Lymphozytenpopulationen) und ebenso für die medizinische Labordiagnostik (Blutkörperchensenkung, Klima u. a. 1947). Die normale Blutkörperchensenkungsgeschwindigkeit (BKSG) beträgt 3—11 mm/h bzw. 5—20 mm/2 h. Beschleunigte BKSG tritt z. B. infolge reversibler Agglomeration von Erythrozyten bei entzündlichen Prozessen oder fortgeschrittenen Tumorerkrankungen auf (Begemann 1975).

2.2.5. *Das Zellinnere*

Vom Protoplasma einer Zelle ist verhältnismäßig wenig bekannt. Einige thermodynamische Fakten seien erwähnt. Die bereits in 2.1.1.2.2.5. genannten Viskositätsuntersuchungen sind nicht sehr aussagefähig, dagegen scheint das Problem des Ursprungs der Scherkräfte von Protoplasmaströmen die Frage nach einer thermodynamischen Ursache zu induzieren. Ferner sei darauf hingewiesen, daß die Unterteilung eukaryotischer Zellen in membranbegrenzte Kompartimente thermodynamische Ursachen hat. Damit wird beispielsweise eine erhöhte Transportgeschwindigkeit im Vergleich zu den mittels (2.9) ausgerechneten durch Streckenverkürzung vom Zellinneren an die Peripherie erreicht. Stoffwechselprodukte werden also nicht nur schnell erzeugt (Erneuerungsrate, turn over des ATP-Moleküls in E. coli beträgt 1 s^{-1}), sondern über verkürzte Entfernungen diffusiv auch schnell transportiert. Das Zellwachstum bzw. die -teilung verdient in diesem Zusammenhang erwähnt zu werden. Bei einer bestimmten kritischen Größe reicht die Nährstoffaufnahme mittels Diffusion (vgl. 2.2.1.) durch die mit der zweiten Potenz des Durchmessers wachsende Oberfläche nicht mehr aus, um das mit der dritten Potenz wachsende Zellvolumen zu ernähren. Diese Instabilität führt zu Zellteilung und erneutem Wachstum. Eng damit verbunden sind die Vorgänge der Mitose bzw. Meiose. Auch diese sind vom thermodynamischen Standpunkt aus als dissipative bzw. Autostrukturierung der Selbstorganisation zu verstehen (Hunding 1981, 1982, 1984, 1986).

3. Anwendung der Thermodynamik auf organismischem Organisationsniveau

In diesem Teil werden Beziehungen zwischen Organismus und Umweltparametern, der pflanzliche Stoff- und Energiewechsel und Untersuchungen zur Ontogenese diskutiert. Er stellt das Bindeglied zwischen Teil 2 und Teil 4 dar. Es liegt auch eine enge Verflechtung der folgenden drei Kapitel vor (vgl. dazu paradigmatisch z. B. Schildmacher 1982, die zusammenfassende Darstellung über Energiehaushalt und Thermoregulation bei Vögeln).

3.1. Organismus und thermodynamische Parameter

Es wird die Wechselwirkung zwischen einzelnem Organismus und Umwelteinflußgrößen untersucht (Autökologie). Außerdem werden Parameter von Organen und Organismen betrachtet.

3.1.1. Thermodynamisches Optimum und Toleranzintervall

Betrachtet man bestimmte Zielgrößen wie Entwicklungsparameter struktureller oder funktioneller Natur (z. B. Größe eines Organs oder Wachstum eines Organismus) in Abhängigkeit von Einflußgrößen wie Temperatur und verschiedenen Stoffkonzentrationen, so wird die Reaktion von Lebewesen in Form einer Kurve gemäß Abb. 3.1 dargestellt. Solche Gesetzmäßigkeiten entsprechen

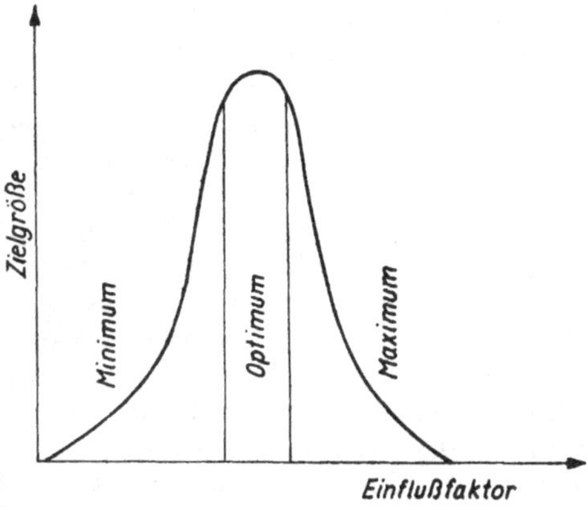

Abb. 3.1. Optimalbereich thermodynamischer Parameter bei Organismen

thermodynamischen Nichtgleichgewichtszuständen, nämlich irreversiblen Prozessen in offenen Systemen. Sowohl das Optimum als auch der durch Minimum und Maximum gekennzeichnete Toleranzbereich können in ihrer Breite stark variieren.

Beispielsweise ist das Leben der Organismen im allgemeinen an den ziemlich engen Temperaturbereich von 10 bis 40 °C gebunden. Spezielle Mechanismen ermöglichen −100 °C (Samenformen mit minimalem Wassergehalt) bzw. 100 °C (Bakterien in Geisiren, in ihnen ist Wasser in flüssiger Form vorhanden). Beim Druck reicht der Toleranzbereich sogar über Zehnerpotenzen: Sporen von 10^{-3} bis 10^{2} MPa, aber auch Vögel und Insekten in großen Höhen ($2 \cdot 10^{-2}$ MPa) bzw. Pflanzen und Säuger im Hochgebirge ($5 \cdot 10^{-2}$ MPa) oder Tiefseefische und Stachelhäuter bei bis zu 100 MPa.

Bzgl. der relativen Luftfeuchtigkeit ist die Variabilität von 0% (Sporen und Samen) bis 100% gegeben. Das absolute Maximum stellen in dieser Hinsicht natürlich die Wasserlebewesen dar.

Elektromagnetische Strahlung als thermodynamischer Faktor (wellenlängenabhängige Lichtquantenenergie und Intensität eines Lichtstroms) zeigt als Toleranzgrenze nach langen Wellenlängen keine charakteristischen Werte, aber bei kurzwelligem UV-Licht von 300 nm findet z. B. Keimabtötung statt. Andererseits reichen die Intensitätswerte von 0 (Höhlenlebewesen) bis ca. 100000 lx (Lux; subtropische und tropische Gebiete), wobei das Lux die Einheit der Beleuchtungsstärke ist.

Entscheidende Faktoren stellen die Konzentrationen chemischer

Stoffe einschließlich Wasser dar (Pflanzen- und Tierernährung). Schon 1840 konnte LIEBIG sein für die Pflanzen gültiges Minimumgesetz formulieren: Die Entwicklung einer Pflanze hängt im wesentlichen von dem Stoff ab, dessen Konzentration die niedrigste ist. Eine Pflanze verkümmert z. B. auf alkaliarmem Boden, selbst wenn H_2O, CO_2, N, P usw. im Überschuß da sind. Für das Tier gilt ähnliches: Fehlen von Spurenelementen wie Co und Mn bewirken schwerste Erkrankungen, auch bei sonst reichlichem Nahrungsangebot (vgl. Flaschenhalsprinzip bei Enzymreaktionen und in der Prozeßkinetik von Mikroorganismen). Beeindruckend ist die Wirkung von O_2-Mangel in Teichen (sommerliche Hitze, Faulprozesse), wenn Hechte sich nicht mehr schnell fortbewegen und mit der Hand gefangen werden können, weil sie sich an der Wasseroberfläche aufhalten müssen. Das Minimumgesetz hat keine absolute Gültigkeit. Es kommt auf das Zusammenwirken der Faktoren an. In diesem Zusammenhang spielt die oft diskutierte Substituierbarkeit von Faktoren eine Rolle. Es handelt sich aber doch wohl um Kompensationseffekte, denn bei biologischen Systemen ist eine Ersetzbarkeit von Faktoren nur in geringem Maße möglich. Außerdem haben alle bisher diskutierten Phänomene — wie schon die „Verteilung" in Abb. 3.1 ausweist — statistischen Charakter: Ein Hinweis auf den Zusammenhang zwischen statistischer Thermodynamik auf niederem biologischen Organisationsniveau und biologischer Statistik (Biometrie) auf höherem. Abschließend ist in Abb. 3.2 ein konkretes Beispiel für eine Optimumkurve wiedergegeben (STUGREN 1974).

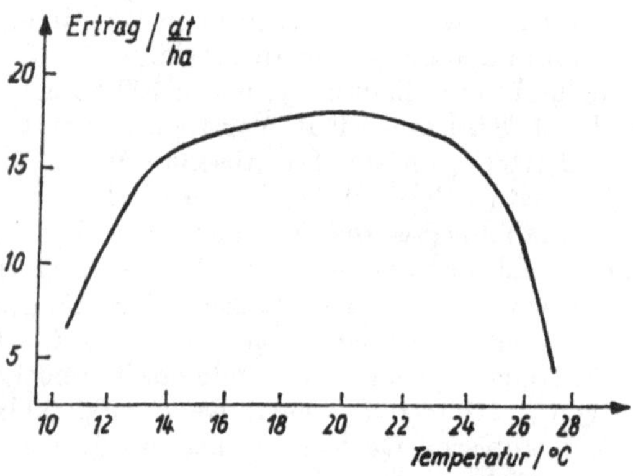

Abb. 3.2. Optimum der Lufttemperatur beim Ertrag von Sommerweizen

3.1.2. Multizelluläre Systeme und Temperatur

Ausgewählte Phänomene bei Pflanzen, Tieren und Menschen im Hinblick auf die Temperatur werden im folgenden diskutiert (PRECHT u. a. 1973).

3.1.2.1. Pflanze und Temperatur

Gemeint ist hier die außerhalb der Pflanze herrschende Umgebungstemperatur. Die Differenzen zwischen Pflanzen- und Lufttemperatur z. B. können beträchtlich sein: Tussilago farfara auf der Insel Hiddensee 8,5 K und Citrullus colocynthis in der Sahara −8,9 K (BIEBL 1962).

3.1.2.1.1. Atmung und Temperatur

Gemeint ist die Dunkelatmung (Lichtatmung parallel zur Photosynthese vgl. APEL 1969). Im Temperaturbereich von −5 °C bis +30 °C steigt diese bei Picea abies exponentiell an (PISEK 1973, Abb. 3.3). Bei Kälte bzw. Hitze ist die Photosynthese der Pflanzen längst zusammengebrochen, während die Atmung von Null verschieden ist bzw. noch ansteigt. Ein Abfall der Atmungskurve wird erst bei 45 °C sichtbar. Außerdem ist sie von Pflanzenart, Pflanzen- bzw. Blattalter (für alte Blätter niedriger), Lichtadaption (Schattenblätter etwas weniger als Sonnenblätter) usw. abhängig. Als Maß für den Anstieg der Atmung wird in der Physiologie der Q_{10}-Wert angegeben: Anstieg der Atmungsintensität, wenn die Temperatur um 10 K erhöht wird. Er hängt von der Temperatur ab. Außerdem nimmt das Atmungsvermögen ab, wenn die „Behandlungszeit“ bei höherer Temperatur zunimmt.

3.1.2.1.2. Temperaturresistenz bei Pflanzen

Dies betrifft sowohl Frost- als auch Hitzeresistenz. Sie werden in der Grundlagenforschung durch Klimakammersimulation untersucht und sind von Bedeutung für die landwirtschaftliche Praxis (LI u. a. 1978), speziell für die Frostresistenz im Gartenbau (Blütenknospen: DENNIS 1976, HEWETT 1975; Holz: KRASAVZEV u. a.

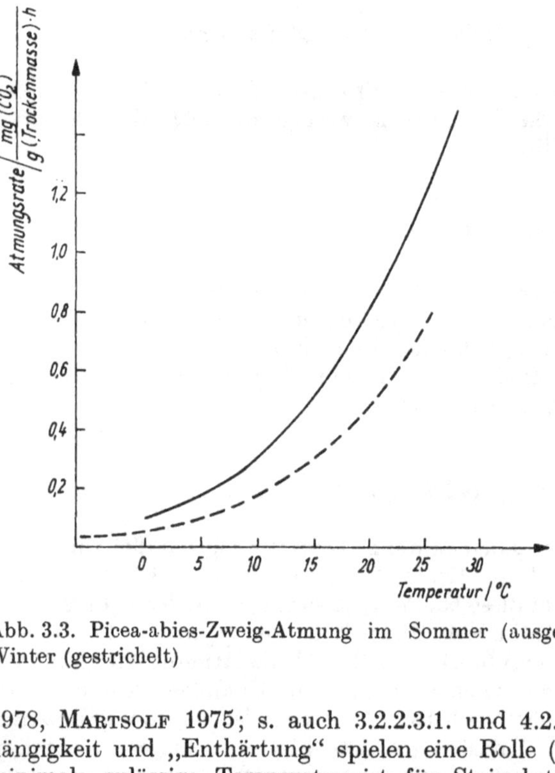

Abb. 3.3. Picea-abies-Zweig-Atmung im Sommer (ausgezogen) und im Winter (gestrichelt)

1978, MARTSOLF 1975; s. auch 3.2.2.3.1. und 4.2.2.). Sortenabhängigkeit und „Enthärtung" spielen eine Rolle (Abb. 3.4). Die minimale zulässige Temperatur ist für Steinobstblüten −2 °C. Gegenmaßnahmen gegen Blütenfröste sind chemische Behandlung (Etephon), Heizen (PERRY 1977), Wassersprühen (Erstarrungswärme), künstliche Luftbewegung mit Ventilatoren. Gegen Holzfröste ist es z. B. das Weißstreichen der Baumstämme. Im Zusammenhang mit dem STEFAN-BOLTZMANNschen Strahlungsgesetz (POHL 1958)

$$L = \varepsilon \sigma T^4 \tag{3.1}$$

(L = auf die Fläche bezogene Gesamtstrahlungsleistung, die von der Oberfläche eines Körpers mit der Temperatur T ausgeht, σ = STEFAN-BOLTZMANN-Konstante = $5{,}67 \cdot 10^{-8}$ W m^{-2} K^{-4}, ε = Emissionsfaktor (Zahl zwischen Null und Eins)) soll damit eine Erniedrigung von ε erreicht werden, was eine Verringerung der Absorption von eingestrahlter Sonnenenergie im Winter bedingt

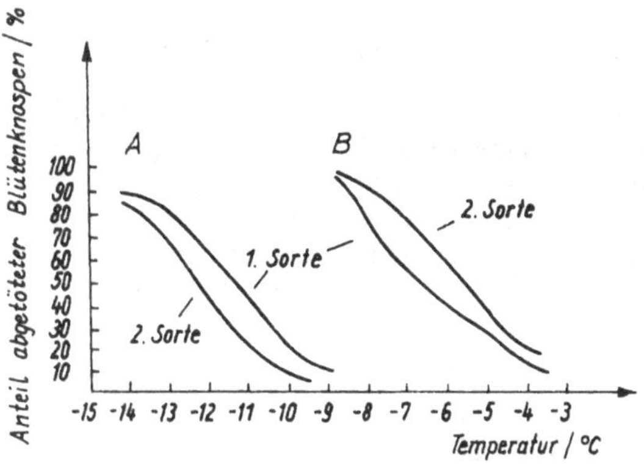

Abb. 3.4. Temperaturresistenz von Aprikosenblütenknospen
A: Winter, B: zeitiges Frühjahr (Sortenverhalten kehrt sich um)

und somit der Enthärtung vorbeugt. Die Empirie ist ersichtlich. Sie ist auf die Unkenntnis der eigentlich ablaufenden Vorgänge zurückzuführen, obwohl Grundlagenuntersuchungen mittels Differentialthermoanalyse (kalorimetrisches Verfahren mit spezifischem Temperatur-Zeit-Programm, vgl. 3.2.2.3.1.) durchgeführt werden (Abb. 3.5, die Peaks sind wahrscheinlich auf differenzierte Erstarrungsvorgänge zurückzuführen).

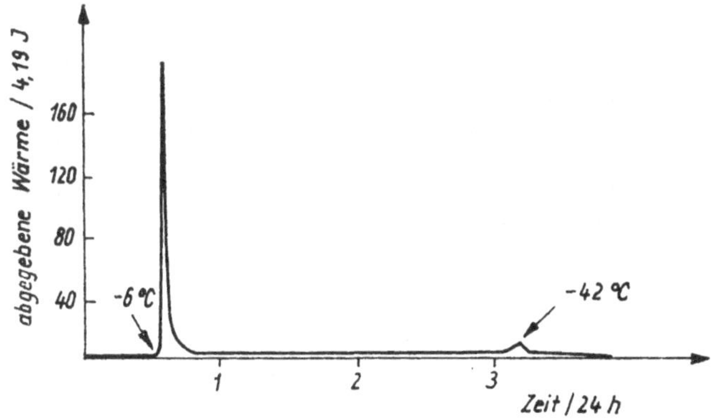

Abb. 3.5. Differentialthermoanalyse-Diagramm von Apfeltrieben

3.1.2.1.3. Pflanzenwachstum als Temperaturfunktion

Auch das Wachstum von Pflanzen gehorcht einer Optimalfunktion (Abb. 3.6a für Tomate, VEGIS 1973). Dabei können quantenhafte Erscheinungen auftreten (Abb. 3.6b für Allium cepa, LEUSCHNER 1973): Stufenhöhe und -form scheinen temperaturabhängig zu sein. In die Gruppe dieser temperaturabhängigen Phänomene können auch Keim- und Blühprozesse eingeordnet werden (vgl. 3.2.2.1.).

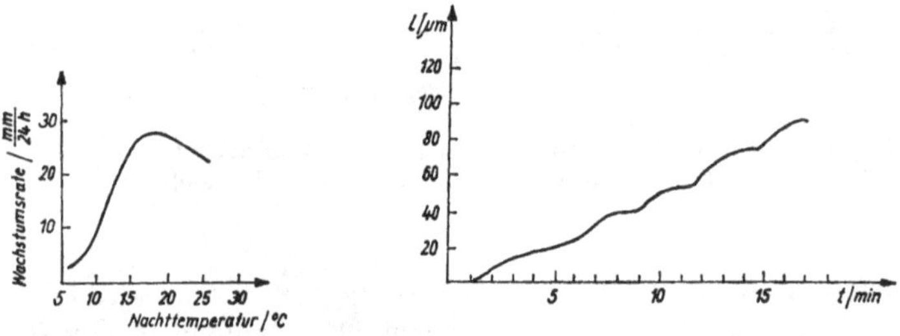

a) b)

Abb. 3.6. (a) Wachstumsrate von Tomate in Abhängigkeit von der Temperatur (konstante Tagestemperatur), (b) Längenzunahme von Allium cepa L. in Abhängigkeit von der Zeit (die Zeitableitung dieser Kurve zeigt wegen der Wendepunkte ein Impulsverhalten)

3.1.2.1.4. Photosynthese und Temperatur

Statt der Angabe der umfangreichen Literatur bzgl. der Einzelheiten und Pflanzenarten soll hier nur ein Zitat stehen, das den Q_{10}-Wert (vgl. 3.1.2.1.1.) der Photosyntheserate, die meist in mg assimiliertes CO_2 pro dm^2 Blattfläche und h angegeben wird, betrifft. Er liegt zwischen 15 °C und 35 °C bei ca. 2 und wird hauptsächlich durch die Dunkelprozesse (2.1.2.1.2.2.), nicht durch die Lichtprozesse (2.1.2.1.3.) bedingt (HOFFMANN 1975 l. c.).

3.1.2.1.5. Temperatur und Pflanzentherapie

Stoff- und Energiewechselvorgänge zwischen Parasit und Wirt sind im Falle des Virusbefalls von Pflanzen noch nicht eindeutig geklärt, trotzdem ist die Empirie in der Virusfreimachung mittels Wärmetherapie recht fortgeschritten: Eine Wärmebehandlung geeigneten Pflanzenmaterials bei ca. 35 °C führt in bestimmten Fällen zu hundertprozentiger Virusabtötung ohne Beschädigung des Pflanzenmaterials (3.3.2.).

3.1.2.2. *Tier und Temperatur*

Poikilotherme können von ca. 0 °C bis 50 °C leben, während Homöotherme auch bei niedrigeren Temperaturen existieren können. Wenige Beispiele werden im folgenden angeführt.

3.1.2.2.1. *Poikilotherme und Temperatur*

Zu der bereits in 2.1.2.3. erwähnten Besonderheit der Winterflunder seien einige weitere hinzugefügt. Der Wüstenkäfer Onymacris plana besitzt einen Mechanismus gegen zu niedrige Temperaturen infolge zu geringer Einstrahlung (Henwood 1975). Größeres Transmissionsvermögen der Elytren für IR-Strahlung gewährleistet diesem Käfer bei Tagesanfang und -ende (niedriger Sonnenstand entspricht einer intensitätsmäßig nach großen Wellenlängen verschobenen direkten Strahlung: die Sonne erscheint am Horizont rot), daß die Deckflügel diese Strahlung passieren lassen können und sie vom Körper absorbiert wird, was zu einer Erwärmung führt. — Bemerkenswert ist bei vielen Poikilothermen, daß trotz örtlich konstanter Außentemperatur verschiedene Körperbereiche unterschiedliche Temperatur aufweisen: Bei Python-Arten Kopf und Körper (Johnson 1977), bei Schildkröten Mund-, Oberflächen- und Körpertemperatur bei Umgebungstemperaturen von 30 °C und 55 °C (Sturbaum u. a. 1977).

3.1.2.2.2. *Temperatur und Homöotherme*

Ein durch den Temperaturfaktor bedingter Zusatzmechanismus zur Thermoregulation findet sich bei Amseln bzgl. tieferer Umgebungstemperaturen und eingeschränktem Futterangebot. Eine 20%-ige Massezunahme infolge der Herbsttemperaturen beruht auf einer Fettanlagerung zur Wärmeisolation und als Reservoir für zwei Tage des Überlebens bei eingestellter Bewegung (Biebach 1977). — Von Gizbrecht 1975 wurde eine Relation zwischen

Thermoregulation und Temperatur in der Laktationsperiode beim Hausrind gefunden. Er unterscheidet zwischen physikalischen und chemischen (mit höherem Energiekonsum verbunden) Reaktionstypen auf hohe bzw. niedrige Temperatur. — In diesem Zusammenhang seien noch zwei hinsichtlich Stoff- und Energiewechselgeschehen ungeklärte Temperatureinflüsse auf Homöotherme angeführt. Es ist die prophylaktisch und therapeutisch wirkende Sauna und die Möglichkeit der Wärmetherapie bei Krebserkrankungen (ARDENNE 1987).

3.1.3. *Multizelluläre Systeme und Wasser*

Es erfolgt die Beschränkung auf Pflanzen (LANGE u. a. 1976 l. c.) und die Betrachtung eines mehr „statischen" Aspekts. Der Wasserzustand biologischer Systeme wird durch das sogenannte Wasserpotential ψ_W charakterisiert. Es ist die negative Differenz der partiellen molaren freien Enthalpie (vgl. (1.10)) des reinen (Index 0) Wassers (Index W) bei Atmosphärendruck ($\bar{\mu}_{0W}$) minus dieselbe Größe des Wassers im biologischen System ($\bar{\mu}_W$), dividiert durch das partielle molare Volumen (vgl. (2.6)) des Wassers ($\bar{\varphi}_W$):

$$\psi_W = \frac{\bar{\mu}_W - \bar{\mu}_{0W}}{\bar{\varphi}_W}. \tag{3.2}$$

Dabei gilt $\bar{\varphi}_W = v_W$ = molares Volumen des Wassers (1 l, dividiert durch die Anzahl der Mole; in 1000 g Wasser befinden sich 1000/18 = 56 Mole). Mit (1.38) ergibt sich:

$$\psi_W = \frac{\bar{\mu}_W - \bar{\mu}_{0W}}{v_W} = \frac{\bar{r}T}{v_W} \ln \frac{c_W}{c_{0W}}. \tag{3.3}$$

Für reines Wasser mit $c_W = c_{0W}$ (als Konzentrationsmaß wird die Molarität gewählt: $c_{0W} = 56 \text{ mol l}^{-1}$) wird $\bar{\mu}_W = \bar{\mu}_{0W}$ und $\psi_W = 0$ Pa, ψ_W hat also die Dimension eines Drucks. Da c_{0W} den Maximalwert für c_W darstellt, kann ψ_W nur abnehmen. Der Logarithmus in (3.3) ist außerdem immer negativ. Kleines c_W bedeutet kleines ψ_W (betragsmäßig große negative Werte). Ein System mit $\psi_W = -10^8$ Pa (an eine Blattoberfläche grenzende Luftschicht) hat ein ausgeprägtes Bestreben, Wasser aufzunehmen, während eines mit $\psi_W = 0$ Pa (feuchter Boden) kein solches besitzt.

Wird $c_W = n_W/V$ und $c_{0W} = (n_W + n)/V$ (V = Lösungsvolumen,

n_W bzw. n = Anzahl der Mole Wasser bzw. gelöster Substanz) in (3.3) eingesetzt, so ergibt sich:

$$\psi_W = -\frac{\bar{r}T}{v_W}\ln\left(1+\frac{n}{n_W}\right) \approx -\frac{\bar{r}T}{v_W}\frac{n}{n_W}$$
$$\approx -\frac{\bar{r}T}{V_W}n \approx -n\frac{\bar{r}T}{V} = -p_{os}. \tag{3.4}$$

Der Vergleich mit (2.52) liefert gerade den negativen Wert des osmotischen Drucks für das Wasserpotential. Wächst also beispielsweise in einer Pflanze der osmotische Druck, so sinkt das Wasserpotential. — In Gl. (3.4) können zum osmotischen Druck weitere Terme hinzutreten:

$$\psi_W = -p_{os} + p_h + p_s \tag{3.5}$$

mit p_h = hydrostatischer Druck, p_s = Schweredruck (vgl. im Anschluß an (2.52)). — Auf dem Zusammenhang mit den Druckgrößen beruht die Messung von ψ_W mittels Druckbombe (Abb. 3.7). Es wird gerade ein solcher Druck eingestellt, der die ins Innere gezogenen Wasserfäden wieder an der Schnittfläche (außerhalb der Bombe) sichtbar werden läßt (Mikroskop). Solche Werte wurden für Malus-Blätter (LAKSO 1979) im Zusammenhang mit der Photosynthese in Abhängigkeit von Ontogenese und Jahreszeit ermittelt. Zum Beispiel zeigte sich, daß bei $\psi_W = -5 \cdot 10^6$ Pa im September die Photosyntheserate durchaus von Null verschie-

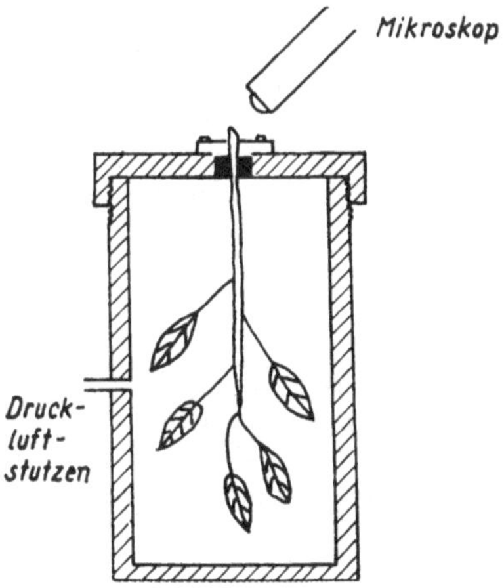

Abb. 3.7. Druckbombe zur Bestimmung des Wasserpotentials

den ist (West u. a. 1976). Extrem niedrige ψ_W-Werte finden sich bei Pflanzen der Trockenflora: $\psi_W = -1{,}63 \cdot 10^7$ Pa bei Artemisia herbaalba (Richter 1976).

3.2. Energie- und Stoffwechsel der Pflanzen und Tiere

In diesem Kapitel werden der Organismus, auch Organe und Gewebe, als geschlossene (Energiewechsel) und offene (Stoffwechsel) thermodynamische Systeme betrachtet. Es wird davon abgesehen, daß sich ein Organismus wie beispielsweise der menschliche Körper aus 10^{13} bis 10^{14} teilweise höchst spezialisierten Zellen, d. h., wiederum kleinen thermodynamischen Systemen zusammensetzt.

Die bereits in (2.129) angegebene Fließgleichgewichtsbedingung

$$-\frac{đ_a S}{dt} \geqq \frac{đ_i S}{dt} > 0 \tag{3.6}$$

gilt auch für den Organismus, wobei auch hier wieder entsprechend (2.130) dem isotherm-isobaren System Organismus in dem Maße freie Enthalpie zugeführt werden muß, daß die Enthalpieänderung und der Verbrauch durch Entropieproduktion kompensiert werden. Manchmal wird in diesem Zusammenhang mit der freien Energie (Leuschner 1979) gearbeitet. Das setzt ein isotherm-isochores System voraus, was vom Organismus mit ca. 70% Gehalt an inkompressiblem Wasser gleichfalls recht gut realisiert wird.

Der durch (3.6) charakterisierte Fließgleichgewichtszustand ist als Begriff in die Biologie von Ostwald 1931 und von Bertalanffy 1949 eingeführt worden. Der Entropieexport läßt sich wie für die Zelle auch für den Organismus aus Energie- und Stoffaustausch gemäß (2.131) berechnen. Dagegen erfolgt die Bestimmung der Entropieproduktion aus den inneren dissipativen Prozessen:

$$\frac{đ_i S}{dt} = \frac{1}{T_L} \frac{đA_{diss}}{dt} - \frac{1}{T_L} \sum_k \bar{\mu}_k \frac{đ_i n_k}{dt}. \tag{3.7}$$

T_L = Temperatur des Lebewesens; $đA_{diss}$ = dissipative Arbeit durch „Reibungsverluste“ im Inneren des Organismus infolge mechanischer und elektrochemischer Prozesse; $\bar{\mu}_k$ = chemisches Potential des Stoffes k; dn_k = Molumsatz des Stoffes k im Systeminneren durch irreversible chemische Reaktionen (die Zerlegung (1.4) gilt auch für die Stoffmenge n).

An dieser Stelle sei der Vergleich mit dem „Dampfroß“ des vergangenen Jahrhunderts angeführt. Das Herz einer Lokomotive ist die Dampfmaschine, und auch sie arbeitet nur, ähnlich einem lebenden Organismus, wenn ein entsprechender Entropieexport gewährleistet ist. Der Unterschied (vgl. auch 3.2.2.2.) besteht z. B. in einer künstlichen und natürlichen Evolution.

3.2.1. *Energie- und Stoffbilanz bei Wechselwirkung von Organismus und Umwelt*

Die Energiebilanzierung für einen Organismus im Fließgleichgewicht (Unger 1977, Monteith 1973) lautet:

$$j_S + j_M + j_K + j_T + j_L + j = 0. \quad (3.8)$$

Es handelt sich um Energiestromdichten (Energie, dividiert durch Fläche und Zeit) infolge Strahlung (j_S), metabolischer Prozesse (j_M), Konvektion (j_K), Transpiration (j_T), Wärmeleitung (j_L), Wärmespeicherung (j). Alle Größen können positiv oder negativ sein. Bei Änderung einer Größe ändern sich die anderen Größen solange, bis die Summe wieder Null ergibt. Bei einer Pflanze bzw. einem poikilothermen Tier ändert sich dabei die Temperatur des Organismus in Analogie zu einem Waschbecken mit geändertem Zu- bzw. Abfluß und erneuter Füllhöheneinstellung).

Der Term j_M ist bei photosynthetisierenden Pflanzen positiv, aber betragsmäßig klein gegenüber j_S. Bei Tieren ist er in jedem Falle negativ (vgl. auch 3.2.2.3.). Der Term j_L ist meist vernachlässigbar, kann aber in der Tierhaltung eine Rolle spielen.

3.2.1.1. *Strahlung*

Die auf einen Organismus einfallende Strahlung hat an einem hellen Sonnentag eine Intensität von $j_S \approx 300 \text{ W m}^{-2}$ (Solarkonstante). Für grüne Pflanzen ergibt sich (vgl. 3.2.1.6.) bei einer Photosyntheserate von 2 g (CO_2) m^{-2} (Blattfläche) h^{-1} und einer Verbrennungswärme für Kohlehydrate (1 g CO_2 entspricht 0,7 g Kohlenhydrate) von 17 kJ g^{-1} (vgl. 2.1.2.1.2.2., relative Molekülmasse von Glukose berücksichtigen) $j_M \approx 7 \text{ W m}^{-2}$. Erst bei niedrigem Sonnenstand bzw. in den Wintermonaten bei 50° nördlicher Breite (Bellis perennis assimiliert unter einer Schneedecke) werden j_M und j_S vergleichbar.

Für Tiere ergibt sich bei Annahme eines Grundumsatzes (3.2.2.3.), der proportional zur Körperoberfläche ist, ein Mittelwert von $j_M = -50$ W m^{-2}, so daß auch die Beträge von j_M und j_S erst vergleichbar werden, wenn sich die Tiere im Schatten aufhalten.

Andere Verhältnisse herrschen zur Nachtzeit. Der Term j_S ist immer negativ. Pflanzen haben dann eine Dunkelatmung mit $j_M < 0$. Bei einer auf Trockenmasse bezogenen Atmungsrate von 2 mg (CO_2) h^{-1} g^{-1} ergibt sich ein Wert von $j_M = -0{,}2$ W m^{-2}. Mit 0,03 m^2 Blattfläche pro 1 g Trockenmasse bedeutet das eine auf Blattfläche bezogene Atmungsrate von 66 mg (CO_2) m^{-2} (Blattfläche) h^{-1}, gegenüber der Photosyntheserate ein geringer Wert. In einer klaren Nacht wird für ein Blatt $j_S \approx -70$ W m^{-2}, d. h., j_M macht etwa 3‰ von j_S aus. In einer bedeckten Nacht steigt der Wert auf 3%. Bei Pflanzenbeständen können j_M und j_S in der gleichen Größenordnung liegen. Für Tiere erhält man in einer wolkenlosen Nacht mit $j_M = -50$ W m^{-2} (Körperoberflächentemperatur ist ungefähr gleich der Lufttemperatur) und $j_S = -70$ W m^{-2} vergleichbare Werte.

Abschließend sei bemerkt, daß j_S von der Differenz zwischen Oberflächen- und Umgebungstemperatur abhängt (Walther u. a. 1981).

3.2.1.2. Transpiration bei Tieren (ohne Schwitzprozeß)

Ein Wert $j_T < 0$ wird z. B. durch in der Lunge in die Atemluft gelangenden Wasserdampf oder durch Diffusion desselben aus der Haut in die umgebende Luft realisiert. Atmet z. B. ein Mensch Luft mit einem Wasserdampfpartialdruck von $12 \cdot 10^2$ Pa (entspricht 12 mbar) ein und solche mit $52 \cdot 10^2$ Pa aus, so entspricht das 0,64 mg Wasser pro ml Sauerstoff. Bei einer Verdampfungswärme für Wasser von ca. 2,4 J mg^{-1} (Kohlrausch l. c.) und einer Oxydationswärme von 21 J ml^{-1} Sauerstoff ergibt sich dann ein $j_T \approx 0{,}08 j_M$. Für nichtschwitzende Haut wird andererseits $j_T \approx 0{,}16 j_M$, so daß insgesamt $j_T \approx 0{,}24 j_M$ gilt. Für Wiederkäuer und anderes Großvieh gilt für das Verhältnis von Atmungs- zu Hauttranspiration ein Wert von 1:2. Der Anteil aus der Atmung kann durch Keuchen gesteigert werden. — Bei Reptilien wurden bis zu 9 mg H_2O auf 1 ml veratmeten Sauerstoff gefunden. Das entspricht $j_T = -21{,}6$ W m^{-2} gegenüber $j_M = -21$ W m^{-2}, so daß $j_M - j_T \approx 0$ gilt. Alle oben genannten Werte hängen noch von Umgebungsparametern (klimatische Bedingungen) und von der Aktivität des Organismus ab. Außerdem ist bei der Transpiration zu beachten, daß das Wasserreservoir proportional zum Volumen und die transpirierte Wassermasse proportional zur Oberfläche des Organismus wächst. Großtiere können also bei Hitzestreß durch Transpiration recht gut Wärme dissipieren, während es für Insekten absoluter Luxus wäre.

3.2.1.3. *Wärmespeicherung*

Die Größe j in (3.8) kann durch

$$j = \frac{\partial(C_A T)}{\partial T} \tag{3.9}$$

ausgedrückt werden. C_A = Wärmekapazität pro Fläche. Für ein Blatt von 1 mm Dicke ergibt sich mit der spezifischen Wärmekapazität (vgl. (1.13)) des Wassers von 4,19 kJ kg^{-1} K^{-1}, der Dichte des Wassers von 10^3 kg m^{-3} und der daraus folgenden Blattflächendichte von 1 kg m^{-2} ein Wert von C_A = 4,19 kJ K^{-1} $\times$ m^{-2}. Bei toter Materie ist die Wärmekapazität eine Konstante (Grimsehl 1957, Schallreuter 1955). Hier dagegen ist sie variabel, steht also mit unter dem Differentiationszeichen in (3.9) und bedingt bei Temperaturänderungen von 5 K h^{-1} an einem Sommervormittag ein j = 6 W m^{-2}. Dieser Wert kann im Vergleich zu j_S auch größer sein, wenn die Sonne plötzlich hinter den Wolken hervorbricht oder wenn bei homöothermen (!) Tieren auch noch eine Temperaturänderung stattfindet. Bei Kamelen wurden Werte von minimal 34 °C und maximal 40 °C innerhalb 12 h gemessen. Das entspricht bei c = 3,4 J g^{-1} K^{-1}, m = 500 kg und 6 m^2 Körperoberfläche einem j von 40 W m^{-2}. Der Vorteil gegenüber eingeschränkter, energieaufwendiger Transpiration ist offensichtlich, jedoch ist auch an den erhöhten Stoffwechsel infolge erhöhter Temperatur zu denken. Gelänge es aber, landwirtschaftliche Nutztiere zu züchten, die tagsüber Wärme speichern, um sie nachts zur Verfügung zu haben, so wäre die Folge ein eingeschränkter Futterverbrauch und außerdem würden nachts die Körperfettreserven weniger angegriffen.

3.2.1.4. *Konvektion*

Der Wärmetransport durch ein bewegtes Medium wie Luft ist eine komplexe Erscheinung, weil freie (Luftbewegung über einer Herdplatte) bzw. erzwungene (Ventilatoren) Konvektion und laminare (Schichtströmung) bzw. turbulente (Wirbel) Strömung auftreten können. Hier wird nur auf die Wärmekonvektion in einer laminaren Grenzschicht eingegangen, innerhalb derer die Geschwindigkeit eines luftumströmten Körpers vom Wert Null am Körper bis auf den Wert in der ungestörten Außenluft (z. B. Windgeschwindigkeit) ansteigt. Es gilt:

$$j_K = \frac{\lambda}{\delta}(T - T_U) \tag{3.10}$$

(λ = thermische Leitfähigkeit des Mediums, δ = Dicke der Grenzschicht, T = Temperatur des Körpers an der Oberfläche, T_U = Temperatur des umgebenden Mediums). Wird eine charakteristische Länge d (z. B. Durchmesser eines Zylinders, der senkrecht zu seiner Längsachse umströmt wird) eingeführt, so entsteht

$$j_K = \frac{d}{\delta}\frac{\lambda}{d}(T - T_U) = \mathrm{Nu}\,\frac{\lambda}{d}(T - T_U) \tag{3.11}$$

mit der NUSSELT-Zahl $\mathrm{Nu} = d/\delta$, die den Vergleich der konvektiven Wärmeverluste bei geometrisch ähnlichen, aber verschieden großen Körpern und unterschiedlichen Windgeschwindigkeiten gestattet. Die quantitativen Verhältnisse (SCHLICHTING 1951) werden hier nicht dargestellt. Es wird nur qualitativ auf einige Fakten Bezug genommen. Aus Modellversuchen geht hervor, daß Blätter mit gelapptem Rand gegenüber solchen mit kreisrundem bei gleicher Fläche und Windgeschwindigkeit größeres j_K aufweisen. Dagegen ist die Orientierungsempfindlichkeit von j_K gegenüber der Windrichtung bei kreisrunden Blättern größer. — Für Windgeschwindigkeiten unter 0,5 m s^{-1} ist wegen der hohen Übertemperatur eines nackten menschlichen Kopfs die freie Konvektion vorherrschend. Die Wärmeabgabe auf Grund dessen hat Bedeutung (im Briefwechsel zwischen KANT und HUFELAND spielt die „optimale“ Kopftemperatur zum Denken eine Rolle), aber auch der dadurch entstehende Luftstrom selbst scheint nicht ganz unwichtig zu sein, weil er die Nasenlöcher ausspart und somit eine Keiminhalation einschränkt (MONTEITH 1973 l. c.). — Bei erzwungener Konvektion ergibt die Anwendung von (3.11), daß j_K proportional zu $(v/d)^{0,5}$ ist, mit v = Windgeschwindigkeit. Die numerische Auswertung liefert dann Werte in der Größenordnung von j_S bei Wärmeabstrahlung von Tieren im Schatten oder bei Nacht. In Ställen mit schlechter Belüftung und kalten Wänden kann j_S einen wesentlichen Faktor im Vergleich zu j_K darstellen.

3.2.1.5. *Energiebilanz zwischen Lebewesen und Umwelt bei dominanter latenter Wärme*

Latente Wärme ist im Gegensatz zu „spürbarer“ Wärme nicht mit unseren Sinnesorganen erfaßbar. Sie tritt z. B. bei der Verdampfung von Wasser auf (2.1.1.2.3.). Ein feuchtes Thermometer zeigt bei freier oder erzwungener Konvektion eine niedrigere Temperatur als ein trockenes (Psychrometerprinzip, Sonntag 1966). Blatttranspiration und Erhöhung der Windgeschwindigkeit bis 4 m/s zeigen denselben Effekt, so daß z. B. kleinere Blätter bei starker Sonneneinstrahlung eine geringere Übertemperatur gegenüber der Umgebung besitzen als große Blätter. Zur genauen Abschätzung der Transpirationsrate bei Blättern ist die Kenntnis des Widerstands der Stomata nötig. — Beim Menschen ist zur Berechnung der Transpirationsrate die Produktionsrate von Schweiß erforderlich. Maximale Werte von 1 kg h^{-1} bedeuten bei 1,8 m^2 Körperoberfläche ein j_T von 375 W m^{-2}. Ein entsprechender Mechanismus zur Erniedrigung der Hauttemperatur wird in Funktion gesetzt, wenn erhöhte Blutzirkulation keinen Effekt mehr bringt. Etwas abhängig von der Kleidung wird eine Hauttemperatur von 32 °C bis 33 °C als angenehm empfunden. Ist die Produktionsrate größer als die Evaporationsrate, so setzt Tropfenbildung ein. Diese dient nicht mehr dem Abbau eines Hitzestresses. Fakten wie Schweißausbrüche aus psychischen Ursachen weisen auf die Komplexität solcher Erscheinungen hin.

3.2.1.6. *Spezielle Bemerkungen zu Bilanz und Austausch von Energie und Stoff bei grünen Pflanzen*

In diesem Zusammenhang sollen besonders zwei Probleme der Photosynthese interessieren. Energetische und stoffliche Dynamik werden durch die Photosyntheserate charakterisiert. Diese hängt von thermodynamischen Parametern wie Temperatur (3.1.2.1.4.), Druck, Lichtenergie, Gaskonzentration, Luftfeuchtigkeit usw. ab, und der Zusammenhang mit dem Ertragspotential von Pflanzen wird von vielen anderen Faktoren (z. B. Bestandsdichte, 4.1.) beeinflußt. Die in 3.1.2.1.4. benutzte Einheit mg dm^{-2} h^{-1} läßt sich aus anderen benutzten Einheiten berechnen. Statt mg CO_2 kann das Volumen-% (1 Vol.-% = 10^4 vpm = 10^4 volume parts per million) verwendet werden, mit dem Vorteil der Druck- und

Volumenunabhängigkeit dieser Angabe. Ertragsphysiologisch interessiert aber die absorbierte CO_2-Masse. Statt dm² Blattfläche wird manchmal auch auf die Trockenmasse bezogen. Bei Umrechnungen sind entsprechende Blattparameter nötig. Die Photosyntheserate PhR kann im offenen und geschlossenen System gemessen werden (Abb. 3.8). Als Meßobjekte können Blatteile, Blätter, andere Pflanzenteile, ganze Pflanzen oder Pflanzenbestände dienen.

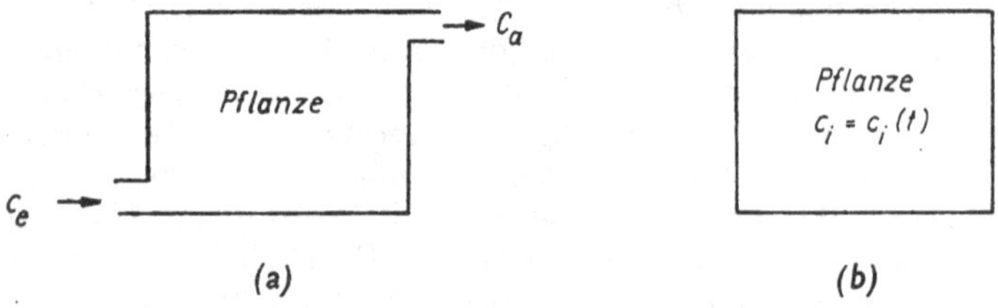

Abb. 3.8. Bestimmung der Photosyntheserate im (a) offenen und (b) geschlossenen (Konzentration c_i im Inneren zeitabhängig) System

Beim offenen System tritt ein Luftstrom mit der CO_2-Konzentration c_e in das Volumen V ein und ein solcher mit c_a aus. Es gilt:

$$\text{PhR} = \frac{(c_e - c_a)}{A \cdot J \cdot V} \tag{3.12}$$

mit J = Luftdurchsatz in $m^3\,h^{-1}$, A = Blattfläche in m^2. Für c_e wird trotz Umweltverschmutzung meist 0,03 Vol.-% benutzt, oder es muß eine gesonderte Messung erfolgen.

Im geschlossenen System wird eine ständige Abnahme des CO_2-Gehalts im Volumen V registriert. Daraus läßt sich dann für jeden CO_2-Gehalt ein Wert für PhR ermitteln. Aus den entsprechenden Kurven können weitere Kenngrößen wie Kompensationspunkt (Abb. 3.9), Lichtatmungsrate und integrale Produktionsparameter entnommen werden (Leuschner 1974a). Für C3- bzw. C4-Pflanzen wie z. B. Weizen, Bohne bzw. Zuckerrohr, Mais, verschiedene Atriplex-Arten liegt die PhR bei 1—50 mg $dm^{-2}\,h^{-1}$ bzw. 50—90 mg $dm^{-2}\,h^{-1}$ (Hoffmann l. c.), Kriedemann 1971, Libbert l. c.). Diese höhere Effektivität der C4-Pflanzen spiegelt sich auch im Kompensationspunkt wider, der fast bei 0 Vol.-% liegt, während C3-Pflanzen wesentlich höhere Werte aufweisen. Außerdem zeigen C4-Pflanzen keinen Lichtsättigungseffekt. Die PhR nimmt also auch bei großen Bestrahlungsstärken weiter-

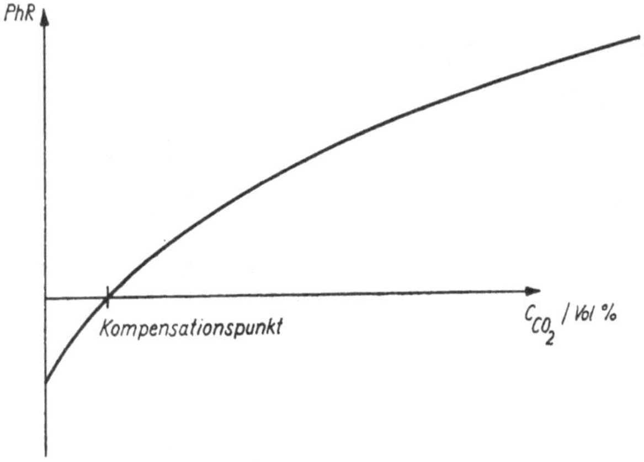

Abb. 3.9. Kompensationspunkt bei der Photosynthese

hin zu und erreicht nicht wie bei C3-Pflanzen einen konstanten Wert.

Ein zweites thermodynamisches Problem der Photosynthese (vgl. auch APEL u. a. 1972, PEISKER u. a. 1971, PEISKER 1976) betrifft den Kohlendioxidtransport im Blatt. Der Diffusionsstrom j des CO_2 senkrecht zur Blattoberfläche kann durch das grobe Modell

$$j = D\frac{\Delta c}{d} = \frac{\Delta c}{R} \tag{3.13}$$

beschrieben werden. D = Diffusionskoeffizient, Δc = CO_2-Konzentrationsdifferenz zwischen Außenluft und Blattinnerem, d = Dicke der Diffusionsbarriere, R = Diffusionswiderstand. Gl. (3.13) gilt für stomatären wie für nichtstomatären CO_2-Austausch. Berücksichtigt man noch das CO_2 aus der Atmung, so läßt sich der in Abb. 3.10 angegebene „Stromkreis" zeichnen: R_M = Mesophyllwiderstand (Zellwand, Plasmalemma, Zytoplasma), R_{Bl} = Blattwiderstand (Stomata, Interzellularluftraum), R_L = Grenzschichtwiderstand (Grenzschicht zwischen Blattoberfläche und Außenluft), R_A = Atmungswiderstand, R_{Chl} = Chloroplastenwiderstand (Chloroplasthülle, Stroma, Karboxylierungswiderstand), j_L = CO_2-Fluß aus der Luft ins Blatt, j_A = CO_2-Produktionsfluß durch Atmung, j_{PhS} = Rate der Gesamtphotosynthese, Δc_L = Differenz der CO_2-Konzentration der Außenluft und am Karboxylierungsort im Chloroplasten, Δc_A = Differenz

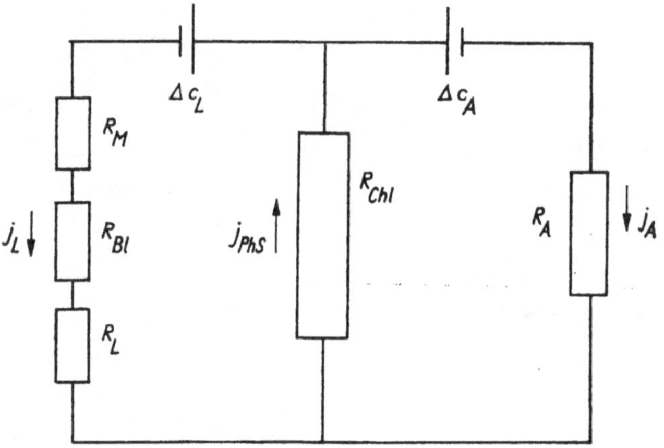

Abb. 3.10. Elektrisches Modell des CO_2-Transports im Blatt (Atmung berücksichtigt)

der CO_2-Konzentration am Ort der Atmung und am Karboxylierungsort. Es ergibt sich als j_L (= PhR):

$$j_L = \frac{\Delta c_L - \Delta c_A + j_A R_A}{R_L + R_{Bl} + R_M} = \frac{c_L - c_A + j_A R_A}{R_L + R_{Bl} + R_M} \tag{3.14}$$

mit c_L = CO_2-Konzentration der Außenluft, c_A = CO_2-Konzentration am Ort der Atmung. PhR $= j_L > 0$ gilt nur für einen Mindestwert von c_L (Kompensationspunkt). — Diese Transportphänomene von CO_2 können auch mit der Isotopentechnik untersucht werden,

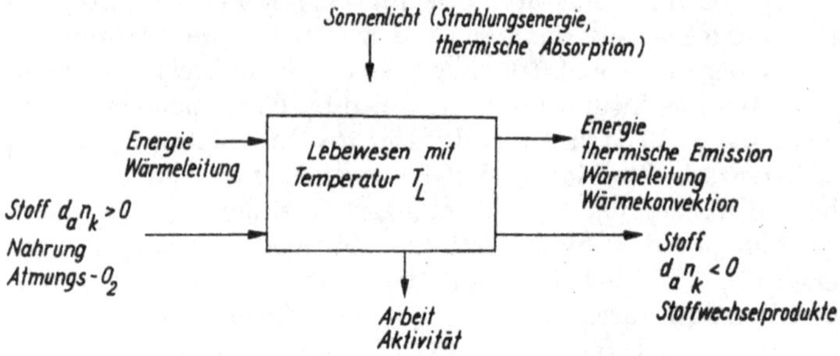

Abb. 3.11. Schematische Energiebilanz beim (Nutz)tier

wobei wegen der drei Kohlenstoffisotope C^{12}, C^{13}, C^{14} drei verschiedene Diffusionsgeschwindigkeiten infolge verschiedener relativer Molekülmasse realisiert werden.

3.2.1.7. Überblick zum Energie- und Stoffaustausch beim Tier

Als ein Analogon zur Pflanze in 3.2.1.6. soll hier der schematische Überblick in Abb. 3.11 für das Tier, auch für das landwirtschaftliche Nutztier, stehen.

3.2.2. Stoff- und Energiewechsel innerhalb des pflanzlichen und tierischen Organismus

Es geht jetzt um die Gültigkeit des 1. HS und 2. HS für den Organismus (vgl. auch 1.3.2. und 1.3.3.), wobei Stofftransporte wie der Wassertransport in Pflanzen (Jarvis 1975) und der Blutkreislauf in Tieren, also solche innerhalb des Organismus, hier nicht behandelt werden. Netter 1959 l. c. zitiert im Zusammenhang mit dem 1. HS die klassischen Arbeiten von Lavoisier und Laplace aus dem Jahre 1780 zur Messung der erzeugten Wärmemengen des Kaninchens im Eiskalorimeter (vgl. 3.2.2.3.) und Untersuchungen von Rodewald aus dem Jahre 1887 zur Bildung von Wärme bei Äpfeln. Dies soll durch ein weiteres Beispiel aus der Medizin ergänzt werden. Borsook u. a. 1931 haben den 1. HS in der Form (1.18) auf die Nierenfunktion angewendet. Statt der Volumina müssen Konzentrationen im Plasma bzw. im Harn eingesetzt werden. Für die Zunahme der Konzentration der ausgeschiedenen Stoffe (Anionen, Kationen, Harnstoff usw.) wurde bei einem durchschnittlichen 24-Stunden-Harn eine Arbeit (Energieaufwand) von 4,672 kJ l^{-1} gefunden, während für Wasser eine Konzentrationsabnahme einen Energiegewinn von 1,119 kJ l^{-1} liefert. Das heißt, insgesamt muß die Niere eine Arbeit von 3,553 kJ l^{-1} verrichten. — Hinsichtlich des 2. HS liegen keine den obigen Untersuchungen zum ersten 1. HS analogen Beispiele vor. Trotzdem bezweifelt heute niemand mehr, daß für jeden Organismus der 2. HS uneingeschränkt gilt: Ein Organismus schafft sich seine ihm eigene Ordnung und hinterläßt Unordnung in seiner Umgebung. — Die folgenden Abschnitte sollen die Gültigkeit der thermodynamischen Gesetzmäßigkeiten für Organismen demonstrieren.

3.2.2.1. Thermodynamik und Kinetik der Samenkeimung

In Abhängigkeit von Temperatur und Schallfeldern wurden alle Stunden die Zahl gekeimter Rübensamen erfaßt (HAGETH 1974, 1976, HAGETH u. a. 1975). Die Kurven von Abb. 3.11A legen ein „enzymatisches" Modell nahe (Anwendung von 2.1.2. und 2.1.3.). Aus dem Enzymsubstrat A wird das die Samenkeimung bewirkende Enzym (F) autokatalytisch gebildet nach

$$A + B \leftrightharpoons AB, \tag{3.15a}$$

$$AB + F \leftrightharpoons 2F + B, \tag{3.15b}$$

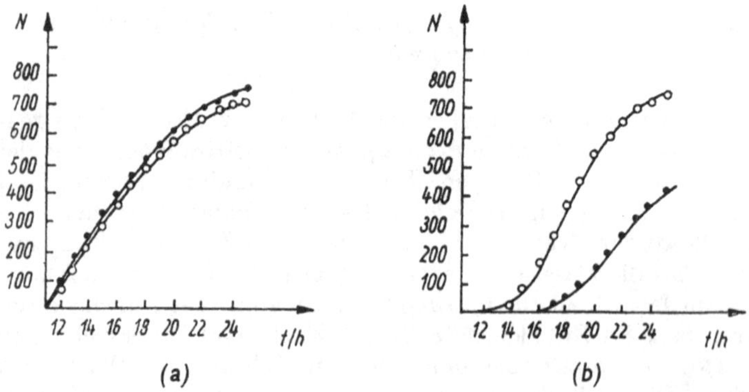

Abb. 3.11A. Gesamtzahl N gekeimter Rübensamen als Zeitfunktion bei 31 °C (a) und 23 °C (b). Punkte bzw. Kreise: ohne bzw. mit Schallfeld

so daß die Summenreaktion

$$A + F \rightarrow 2F \tag{3.15c}$$

resultiert. Wenn die Anfangskonzentrationen $c_{A,0}$ und $c_{F,0}$ sind, gilt

$$\frac{dc_F}{dt} = k(c_{A,0} - c_F)\,(c_{F,0} + c_F)\,. \tag{3.16}$$

Mit den Substitutionen $c_{F,0} + c_F = c_y$, $c_{A,0} + c_{F,0} = c_0$, $c_X = \dfrac{c_y}{c_0}$, $\tau = tkc_0$ wird daraus

$$\frac{dc_X}{dt} = (1 - c_X)\,c_X\,. \tag{3.17}$$

Die Lösung dieser Differentialgleichung liefert für $c_F(t)$

$$c_F(t) = -c_{F,0} + \frac{c_F(0) + c_{F,0}}{\frac{c_F(0) + c_{F,0}}{c_{A,0} + c_{F,0}} - \left(\frac{c_F(0) + c_{F,0}}{c_{A,0} + c_{F,0}} - 1\right) \exp\left[-k(c_{A,0} + c_{F,0})\, t\right]}. \tag{3.18}$$

Die zu (3.15a) bzw. (3.15b) gehörenden Gleichgewichtskonstanten

$$K_1 = \frac{c_{AB,0}}{c_{A,0} \cdot c_{B,0}} \tag{3.19a}$$

bzw.

$$K_2 = \frac{c_{F,0}^2 \cdot c_{B,0}}{c_{AB,0} \cdot c_{F,0}} = \frac{c_{F,0} \cdot c_{B,0}}{c_{AB,0}} \tag{3.19b}$$

liefern für die Gesamtreaktion (3.15c)

$$K_{12} = K_1 \cdot K_2 = \frac{c_{F,0}}{c_{A,0}}. \tag{3.19c}$$

Daraus ergibt sich

$$\Delta G^0 = -1 \text{ mol}\, \bar{r} T \ln K_{12}. \tag{3.20}$$

Die Einzelanteile aus $\Delta G^0 = \Delta H^0 - T \cdot \Delta S^0$ ergeben sich aus

$$-\ln K_{12} = \left(\frac{\Delta H^0}{\bar{r}} \frac{1}{T} - \frac{\Delta S^0}{\bar{r}}\right) \text{mol}^{-1}, \tag{3.21}$$

indem $-\ln K_{12}$ über der reziproken Temperatur T aufgetragen wird. ΔH^0 wird aus dem Anstieg der sich ergebenden Geraden gefunden und der Ordinatenabschnitt liefert ΔS^0.

Zur Prüfung der thermodynamischen und kinetischen Modellvorstellungen müssen die Parameter $c_{A,0}$, $c_{F,0}$ und k mit den Kurven der Abb. 3.11 A in Zusammenhang gebracht werden. Es gilt also diese an die durch (3.18) gegebenen Verläufe anzupassen. Dabei lassen sich ΔH^0- und ΔS^0-Werte nach (3.21) ermitteln. Die Größenordnung liegt in der für die Denaturierung von Proteinmolekülen bekannter Werte (vgl. Ende von 4.1.1.3.). Außerdem läßt sich nach (2.94) $\Delta H_A \approx \Delta E_A$, die Aktivierungsenthalpie, ermitteln. Analog muß hier eine Auftragung von $\ln k$ über $1/T$ erfolgen.

3.2.2.2. Thermodynamik des Muskels

Es werden einige anschauliche Vorstellungen (HILL 1965, vgl. aber auch ABOTT u. a. 1973, BEIER 1968 l. c., HOFMANN 1986) wiedergegeben. Die Wärmeproduktion des Muskels rührt von der auf den Querschnitt bezogenen Aktivierungs- und Verkürzungswärme her (Q_A und Q_V). Erstere ist unmittelbare Folge einer Reizung, ohne daß mechanische Wirkungen auftreten. Sie ist unabhängig von der verrichteten mechanischen Arbeit und von der Verkürzung des Muskels. Für Q_V gilt:

$$Q_V = ay \tag{3.22}$$

$a = 0{,}035\ \mathrm{J/cm^3}$, d. h., bei einer Verkürzung um 1 cm werden pro cm² Muskelquerschnitt 0,035 J als Wärmeenergie frei. Die insgesamt bei einer Muskelkontraktion freigesetzte Energie E_g ist:

$$E_g = Q_A + Q_V + A = Q_A + (a + F_M)\, y \tag{3.23}$$

mit $A = F_M y$ als der mechanischen Arbeit (Hub oder Beschleunigung), wobei F_M die Muskelkraft pro Muskelquerschnitt ist. Differentiation von (3.23) mit konstantem Q_A liefert:

$$\frac{\mathrm{d}E_g}{\mathrm{d}t} = (F_M + a)\,\frac{\mathrm{d}y}{\mathrm{d}t} = (F_M + a)\, v\,. \tag{3.24}$$

Experimentell wurde mit b, F_0 als Konstanten gefunden:

$$\frac{\mathrm{d}E_g}{\mathrm{d}t} = b(F_0 - F_M)\,. \tag{3.25}$$

Gleichsetzen von (3.24) und (3.25) liefert die HILL-Gleichung

$$(F_M + a)\,(v + b) = (F_0 + a)\, b = \text{Konstante}, \tag{3.26}$$

die graphisch eine Hyperbel (vgl. Abb. 3.12) mit den Asymptoten a und b darstellt. Aus (3.23) hat HILL den Wirkungsgrad η abgeschätzt:

$$\eta = \frac{F_M y}{Q_A + (F_M + a)\, y} = 40\%\,. \tag{3.27}$$

Daraus läßt sich mit einer Temperatur des ruhenden Muskels von 37 °C eine Temperatur des erregten Muskels T_2 nach (1.26a) abschätzen:

$$T_2 = \frac{T_1}{1 - \eta}, \tag{3.28}$$

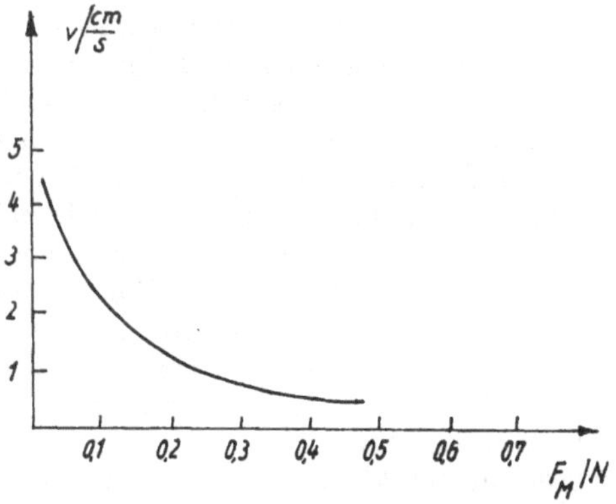

Abb. 3.12. Kraft—Geschwindigkeits-Diagramm am Froschmuskel

die eine Übertemperatur von über 100 K ergibt. Der Muskel kann also nicht als Wärmekraftmaschine arbeiten. Es kommt nur isotherme Erzeugung der Muskelarbeit in Frage. Übrigens ist ein Wirkungsgrad von 40% ein sehr großer Wert, der nur durch intensives Training erreicht werden kann. Jogging macht also trotz besten Trainings immer warm (60% Wärme).

Die Erzeugung mechanischer Arbeit im Muskel geschieht auf der Basis von (1.27). Alle Terme werden auf den Muskelquerschnitt bezogen, und statt der Volumenarbeit $-p\,\mathrm{d}V$ wird die Muskelarbeit $F_\mathrm{M}\,\mathrm{d}y$ in

$$\mathrm{d}E = T\,\mathrm{d}S + F_\mathrm{M}\,\mathrm{d}y + \sum_{k=1}^{K} \bar{\mu}_k\,\mathrm{d}n_k \tag{3.29}$$

eingesetzt. Es wird davon das Ringintegral bei Isothermie gebildet:

$$\oint \mathrm{d}E = T \oint \mathrm{d}S + \oint F_\mathrm{M}\,\mathrm{d}y + \oint \sum_{k=1}^{K} \bar{\mu}_k\,\mathrm{d}n_k. \tag{3.30}$$

Daraus ergibt sich

$$0 = 0 + \oint F_\mathrm{M}\,\mathrm{d}y + \oint \sum_{k=1}^{K} \bar{\mu}_k\,\mathrm{d}n_k,$$

weil E, S Zustandsgrößen sind, das Integral über einen geschlossenen Weg also verschwindet. Die Muskelarbeit über einen Kontraktionszyklus (bis zur Wiedererschlaffung des Muskels) wird demnach

$$\oint F_\mathrm{M}\,\mathrm{d}y = -\oint \sum_{k=1}^{K} \bar{\mu}_k\,\mathrm{d}n_k. \tag{3.31}$$

Sie wird aus chemischen Reaktions- und Transportprozessen geliefert. Zum entsprechenden Biochemismus wird hier nichts ausgeführt (vgl. aber auch Bass u. a. 1978), jedoch der Vergleich der Umwandlung von chemischer in mechanische Energie bei der Muskelarbeit mit einer Akkumulatorentladung (Pohl 1947 l. c.) sei hier erwähnt. Er geschieht mit hohem Wirkungsgrad, während die Aufladung unter Sauerstoffverbrauch einen viel geringeren Wirkungsgrad besitzt, also eine wesentlich höhere Wärmefreisetzung erfolgt. Der Muskelakku des Menschen besitzt für kurzzeitige Rekordbetätigung eine Energiereserve von 100 kWs, die durch O_2-Aufnahme von 15 l in ca. 0,5 h wieder regeneriert werden kann. Der Mensch ist in der Lage, einige Sekunden lang Leistungen in der Größenordnung von kW freizusetzen. In diesem Zusammenhang ein wörtliches Zitat von Pohl l. c.: „Unsere Muskeln leisten ihre Arbeit keinesfalls auf reversiblem Wege. Sie tun das ebensowenig wie die Wärmekraftmaschinen der Technik. Eine reversible Arbeitsleistung ist zu schwerfällig und zu langsam. Die reversible Arbeitsleistung ist ein Ideal, aber auch dieses Ideal ist, wie so manches andere, nicht erstrebenswert."

Die Thermodynamik des Muskels verdient deshalb größtes theoretisches und praktisches Interesse, weil die Natur hier einen Prozeß zur direkten Umwandlung von chemischer Energie in mechanische Arbeit realisiert hat. Wenn es im großen Maßstab gelingt, mittels artifizieller Prozesse Licht(Sonnen)-Energie direkt in chemische Energie, so wie es natürlich bei der Photosynthese geschieht, umzuwandeln und diese analog der Muskelarbeit in mechanische Arbeit, so wäre ein großer Fortschritt bei der Lösung der Energiesituation der Menschheit erzielt.

3.2.2.3. Wärmeproduktion der Organismen

Obwohl Thermogenese-Messungen an Pflanzen und an Tieren zunächst unspezifisch sind, liegt ihr Vorteil im Einsatz der Mikrokalorimetrie (Messung kleiner Wärmeflüsse, vgl. 3.2.2.3.2.) und in der Aufteilung in einzelne Teilprozesse durch geeignete Thermogrammauswertung bzw. Kalorimeterkonstruktion, so daß Schlüsse auf Energie, Enthalpie, Entropie, Wärmekapazität usw. möglich sind. Solche Messungen sind in allen Bereichen (Marti u. a. 1979), auch im biologischen (Prat 1969) durchgeführt worden. Als botanisches Phänomen sei besonders der unter Naturschutz stehende Aronstab hier genannt, der in seinem Blütenkessel eine um 10 K höhere Temperatur als die Umgebung aufweisen kann (Strassburger 1978).

3.2.2.3.1. *Thermoanalyse bei Pflanzen*

Die spezielle Methode der Differentialthermoanalyse (Schultze 1969) besteht darin, daß man zwei gleiche Kalorimeter mit bestimmter Temperaturerhöhungsrate erwärmt und durch geeignete Thermoelementschaltung die Differenztemperatur beider registriert. Im Vergleichskalorimeter befindet sich eine thermisch indifferente Probe, die keine Umwandlungs- und Reaktionswärmen zeigt, während im Meßkalorimeter die zu untersuchende Probe untergebracht ist. Von Null verschiedene Differenztemperaturen entsprechen Peaks (vgl. Abb. 3.5 in 3.1.2.1.2.) und weisen auf Umwandlungen bzw. Reaktionen in der Untersuchungsprobe hin. Bei Vacciniumblüten verschiedener Sorten konnten bei unterschiedlichen Abkühlungsraten solche Untersuchungen durchgeführt werden. Durch Simulation natürlicher Verhältnisse sind Rückschlüsse auf die Frostempfindlichkeit möglich. Auch EDVA-Auswertung ist bei ähnlichen Untersuchungen durchführbar (Ashworth u. a. 1981).

3.2.2.3.2. *Thermogenese des tierischen Organismus*

Die tierische bzw. menschliche Wärmeproduktion hängt von Körpergröße, Alter, Aktivität und Ernährung ab. Grundumsatzmessungen (Schubel u. a. 1976) werden deshalb unter standardisierten Bedingungen (keine Nahrungsaufnahme, Ruhe in „thermoneutraler" Umgebung usw.) vorgenommen. Für die Grundumsatzleistung in W ergibt sich eine Beziehung zur Masse

$$J_{\mathrm{M}} = Km^{n} \tag{3.32}$$

mit $n \approx 0{,}75$ für viele Tierarten. Die „Konstante" K hängt von Tierart und Alter ab und nimmt Werte von 1,8 W kg$^{-0,75}$ bis 3,4 W kg$^{-0,75}$ an (Monteith 1973 l. c.). Aus der graphischen Darstellung in doppeltlogarithmischem Maßstab in Abb. 3.13 kann für einen Menschen mit $m = 100$ kg eine Grundumsatzleistung von $J_{\mathrm{M}} = 100$ W abgelesen werden. Zum Vergleich sind in Tab. 3.1 einige weitere Werte spezifiziert. Auf die hohe Wärmeproduktion

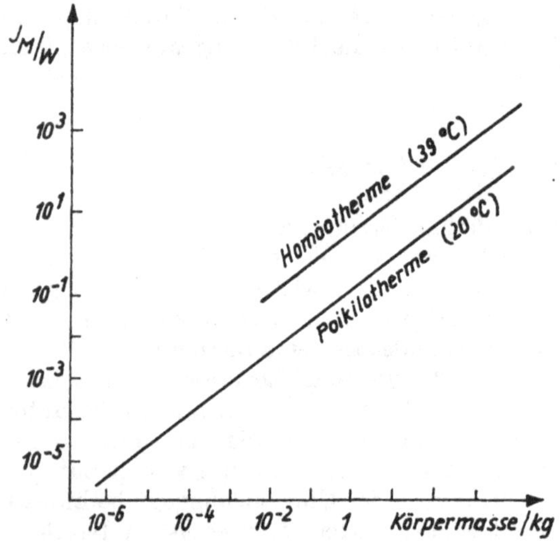

Abb. 3.13. Grundumsatzleistung in Abhängigkeit von der Körpermasse

Tabelle 3.1
Wärmeproduktion verschiedener Organismen (Sonne zum Vergleich)

Organismus	Masse des Organismus in g	Wärmeproduktion pro Organismus/ 4,18 J h^{-1}	spezifische Wärme-produkt./ 4,18 J h^{-1} g^{-1}
Escherichia coli	$4 \cdot 10^{-12}$	$1{,}8 \cdot 10^{-9}$	450
Saccharomyces	$2 \cdot 10^{-11}$	$3{,}5 \cdot 10^{-9}$	180
Drosophila	$1{,}2 \cdot 10^{-3}$	$3{,}5 \cdot 10^{-2}$	30
Maus	5	$4 \cdot 10^{1}$	8
Mensch	$7 \cdot 10^{4}$	$1 \cdot 10^{2}$	1,4
Weizenkorn	$6 \cdot 10^{-2}$	$1{,}5 \cdot 10^{-2}$	0,25
Sonne	10^{33}	$1{,}6 \cdot 10^{29}$	$1{,}6 \cdot 10^{-4}$

der Mikroorganismen sei besonders hingewiesen. Infolge derer können sich Heuhaufen selbst entzünden.

Der Wert von $n \approx 0{,}75$ wird näher betrachtet. Für die Oberfläche eines Körpers F_0 gilt, wenn sein Volumen V ist:

$$F_0 \sim V^{2/3}, \tag{3.33}$$

wie am Beispiel der Kugel mit $F_0 = 4\pi r^2$ und $V = \frac{4}{3}\pi r^3$ mit dem Kugelradius r leicht ersichtlich ist. Mit $m \sim V$ bei konstanter Dichte und $2/3 \approx 0{,}75$ folgt aus dem Vergleich von (3.32) und (3.33)

$$J_M \sim F_0, \tag{3.34}$$

d. h., die auf die Körperoberfläche bezogene Grundumsatzleistung ist eine Konstante, ca. 50 W m^{-2} bei $m = 0{,}02$ kg (Maus) bis 440 kg (Pferd).

Mit (3.34) kann im Vergleich zu der im Körper produzierten Wärme $\dot{Q}$, die proportional dem Volumen V gemäß

$$\dot{Q} \sim V \tag{3.35}$$

ist, für „kugelförmige" Lebewesen

$$\frac{J_M}{Q} \sim \frac{1}{r} \tag{3.36}$$

geschlußfolgert werden. Je kleiner das Tier (kleiner Radius r), um so größer die abgegebene gegenüber der produzierten Wärme. Das heißt, homöotherme Tiere von der Größe eines Maikäfers wären sehr unökonomisch. Die Spitzmaus stellt offenbar den Grenzwert dar. Wegen der besseren Wärmeleitfähigkeit des Wassers (J_M ist größer) ist die Wasserspitzmaus größer als die Landspitzmaus.

Die Wärmeproduktion von Tieren wird kalorimetrisch gemessen. In ein Kalorimeter mit Eis wird ein Tier gebracht. Das Eis schmilzt und aus Wärmekapazität (vgl. (1.14)) und Schmelzwärme (vgl. 2.1.1.2.3.) wird auf die Wärmeproduktion geschlossen. Bei kleinen Tieren wie Insekten sind die produzierten Wärmen so klein, daß die Mikrokalorimetrie (Gerth u. a. 1979) eingesetzt wird, wobei die Temperaturdifferenz zwischen Probe und Umgebung herangezogen werden muß. Eine einzelne Biene erzeugt wenig Wärme, aber bei einem im Winter in ständiger Bewegung befindlichen Bienenvolk reicht die insgesamt produzierte Wärme zum Überleben aus.

Trotz variabler Wärmeproduktion und Außentemperatur wird beim homöothermen Tier die Temperatur konstant gehalten, beim Menschen auf 0,1 K genau geregelt. Das geschieht durch den Blutkreislauf (Blässe bei Kälte, Hautkapillaren eng, wenig Blut an die Körperoberfläche, geringe Wärmeabgabe, Körperinneres wie

Thermosflasche; Gegenteil Rötung bei Hitze), durch die Muskulatur (Zittern bei Kälte), durch die Schilddrüse (Hormone steuern Verbrennungstempo), durch die Haut (Gänsehaut: Haare stehen senkrecht, phylogenetisch verstehbare Wärmeisolation durch Schaffung eines dicken Fells). Meßfühler und Regler für Temperatur liegen im Stammhirn des Menschen und funktionieren so, daß alles auf 37 °C hin zusammenwirkt, denn 4 K mehr oder weniger bedeutet den Tod.

In der Klasse der Wirbeltiere kann die der Wärmeproduktion proportionale Atmungsrate q_A mit

$$q_A = am^{-b} \tag{3.37}$$

(m = Organismusmasse, a, b = Konstante) zur Aufstellung eines Ordnungskriteriums Cr benutzt werden (Zotin 1976 l. c.):

$$\mathrm{Cr} = 834 \frac{a}{T} \tag{3.38}$$

(T = absolute Temperatur). Es entsteht eine Systematik wie in Tab. 3.2, aus der nur die Amphibien herausfallen.

Tabelle 3.2
Systematische Ordnung der Klassen der Wirbeltiere nach dem Ordnungskriterium von Zotin 1976

Klasse	a/J h^{-1}	Cr
Amphioxi	5,75	3,89
Cyclostomata	5,95	4,03
Teleostei	6,00	4,05
Amphibia	5,25	3,56
Reptilia	8,88	6,02
Aves	75,5	45,4
Mammalia	77,2	52,2

3.2.3. *Energie- und Stoffwechsel der Organismen unter künstlichen und anormalen Bedingungen*

Einige Beispiele an pflanzlichen und tierischen Organen bzw. Organismen sollen hier angeführt werden.

3.2.3.1. Transpiration bei angeschlagenen und geplatzten Früchten

Bei der Lagerung von landwirtschaftlichen Produkten spielen zwei thermodynamische Prozesse eine entscheidende Rolle: Atmung und Transpiration. Die entsprechenden Werte liegen bei beschädigten Produkten höher als bei unbeschädigten. Zum Beispiel zeigen gedrückte Moosbeeren eine stimulierte CO_2-Produktion (MASSEY u. a. 1982). Die Wärmeproduktion von Früchten mit Druckstellen ist auf Grund erhöhter Atmung ebenfalls größer als bei unbeschädigten Früchten (RÄUBER 1970). Eine Früherkennung von Beschädigungen wäre also damit möglich.

Angeschlagene Früchte zeigen außerdem eine geänderte Transpiration. Für Modellrechnungen können weder Ergebnisse an epidermisbehafteten Pflanzenteiloberflächen (GATES 1976, HALL 1976) noch Parameter von freien Wasseroberflächen zugrunde gelegt werden. Es wird im folgenden ein angepaßtes thermodynamisches Modell für beschädigte Äpfel angegeben (LEUSCHNER u. a. 1982). Auf Grund des erhöhten Verdunstungseffekts an einer Schadstelle ergibt sich eine niedrigere Temperatur als an Stellen der Apfeloberfläche, die noch mit Wachsschicht und Epidermis bedeckt sind. Es gilt:

$$T - T_F = S \cdot \frac{M_W q_W}{M_L p_L \left(c_{p,L} + \frac{m_A}{m_L} c_A\right)} \tag{3.39}$$

T = Temperatur der Umgebungsluft, T_F = Temperatur der Beschädigung, S = Sättigungsdefizit (Differenz zwischen Sättigungsdruck von Wasserdampf bei T_F und Wasserdampfpartialdruck der ungesättigten umgebenden Luft (vgl. 2.1.1.2.2.7.), M_W = relative Molekülmasse von Wasser, q_W = spezifische Verdampfungswärme von Wasser, M_L = relative Molekülmasse von Luft, p_L = Luftdruck, $c_{p,L}$ = spezifische Wärmekapazität von Luft bei konstantem Druck, m_A = Apfelmasse, m_L = fiktive Masse der umgebenden Luft, c_A = spezifische Wärmekapazität des Apfels. — Weiterhin läßt sich der Wasserverlust des Apfels durch die Schadstelle in Abhängigkeit von p_L ermitteln. Zusammenhänge zur sogenannten Vakuumlagerung von Früchten lassen sich herstellen. — Erwähnt sei zum Abschluß die durch Wärmebehandlung erzielte Verbesserung der Lagerfähigkeit von Früchten (Anonym 1980), ein stoffwechselphysiologisch ungeklärtes Problem.

3.2.3.2. *Einwirkungen auf die Thermogenese von tierischen Organismen*

Bei Tieren gibt es eine Reihe von Extremalzuständen des Stoffwechsels (Überseevogelflug, Winterschlaf, Insektenmetamorphose usw.), die eine Anomalie der Wärmeproduktion bewirken. – Hier werden einige Beispiele zum menschlichen Organismus erwähnt, bei denen sich durch äußere Einflußfaktoren Sonderzustände einstellen (Gluschko 1980, Grudnickij 1980, Schaarschmidt u. a. 1978). Insulin- bzw. NaF-Spritzung ins Fettgewebe führen zu einer Erhöhung bzw. Erniedrigung der Wärmeproduktion (klinischer Indikator für hormonale Aktivitäten). Metacholin-Spritzung ins Muskelgewebe ergibt Wärmeproduktionserhöhung. Temperaturwechsel, Genuß von Speisen und Getränken führen ebenfalls zu Änderungen dieser Größe. Erhöhte Atmung und Wärmeproduktion bei Wundheilung und in krebsartigem Gewebe gehören auch in diesen Problemkreis (Zotin 1974, l. c., Tab. 3.3, vgl. 3.3.3.). Hypermetabolismus und erhöhte Wärmeproduktion wird bei Patienten mit Verbrennungen (Aulick u. a. 1978) nach einer Phase der Hypothermie gefunden (Miller u. a. 1978). – In diesem Zusammenhang ist auch die Thermokaustik durch Parasiten zu erwähnen: Die hohe spezifische Wärmeproduktion parasitischer Bakterien kann zur Schädigung menschlicher Wirtszellen führen. – Arbeitsleistung hat einen beträchtlichen Einfluß auf die metabolische Leistung des Menschen (Breslav u. a. 1980): Grundumsatz 100 W, Spazierengehen 700 W, Schwerstarbeit 2000 W.

Tabelle 3.3

Mittlere relative Werte für Atmung, aerobe und anaerobe Glykolyse bei normalem, nichtwachsendem (n. n. G.), bei normal wachsendem (n. w. G.) und krebsartigem (k. G.) Gewebe

Vorgang	n. n. G.	n. w. G.	k. G.
Atmung	9,3	9,7	11,8
aerobe Glykolyse	2,1	7,0	14,0
anaerobe Glykolyse	7,2	20,0	25,6

3.3. Thermodynamik und Ontogenese

Es liegen darüber ausgezeichnete Monographien vor (ZOTIN 1974 l. c., 1976 l. c., 1980 l. c.), so daß hier nur einige wesentliche Gedanken angeführt werden. Der erste Abschnitt befaßt sich mit experimentellen Befunden (Wachstum, Entwicklung, Alterung) und theoretischen Überlegungen (Thermodynamik, Kinetik, Statistik) zur Ontogenese. Der zweite geht auf „anormale" Erscheinungen wie Regenerationsprozesse ein (vgl. auch 3.2.3.2.). Fast ausschließlich geht es um tierische Organismen, da bei Pflanzen bisher außer einigen Fakten (z. B. Massenkompensation bei Früchten: wenig große oder viele kleine Früchte an einem Baum, Alternanz: räumlich und zeitlich wechselnder Fruchtertrag an einem Baum, Verkorkung von Pflanzenteilen) wenig Untersuchungen vorliegen.

3.3.1. Experimentelle Befunde und theoretische Überlegungen zur Thermodynamik der ontogenetischen Entwicklungsprozesse

Die Thermodynamik der Ontogenese läßt sich auf der Wärmeproduktion in verschiedenen Entwicklungsabschnitten gründen, wobei die Zeit oder die Masse als Entwicklungsparameter benutzt werden. Experimentell wird auf der direkten (Wärmemessung, (1.13)) oder indirekten (Atmungsmessung) Kalorimetrie aufgebaut. Die theoretische Seite dieser Angelegenheit besteht im Auffinden thermodynamischer Gesetzmäßigkeiten für die Ontogenese.

3.3.1.1. Allgemeines zur Thermodynamik der tierischen Ontogenese

Die Wärmeproduktion $\frac{đQ}{dt}$ im Verlaufe der Ontogenese eines Tieres ist in Abb. 3.14 wiedergegeben (LEUSCHNER 1981, TRINCHER 1977, ZOTIN 1976 l. c.). Es gilt, den steilen Anstieg und den flachen Abfall der Kurve thermodynamisch zu motivieren. Dazu wird die Wärmeproduktion $\frac{đQ}{dt}$ als Maß für die Entropieproduktion $P = \frac{đ_i S}{dt}$ benutzt. EBELING u. a. 1982 l. c. haben ein solches

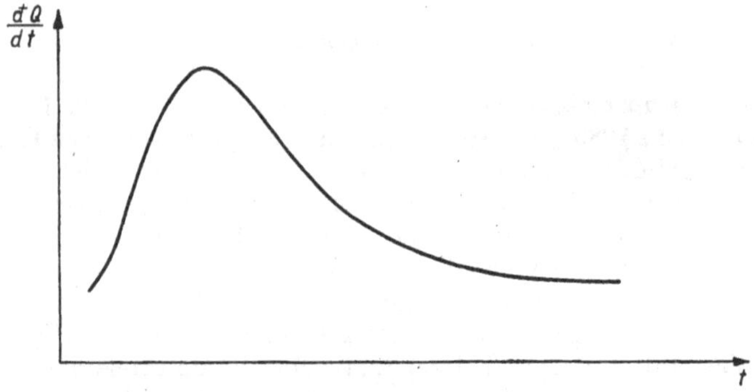

Abb. 3.14. Wärmeproduktion $đQ/dt$ tierischer Organismen, abhängig von der Entwicklungszeit

Vorgehen beim Brutvorgang eines Vogeleis als sinnvoll nachgewiesen. Wenn

$$\frac{đ_i S}{dt} \approx \left| -\frac{1}{T} \frac{đQ}{dt} \right| \tag{3.40}$$

gilt, so ist der flache Abfall einfach eine Folge des Minimalprinzips aus 1.3.5. Auch z. B. im Laufe der Entwicklung eines Menschen mit Wachstum und Alterung strebt P einem Minimum zu. Dem alten fröstelnden David konnte keine Abisag von Sunem helfen (1. Kön. 1,1–2). Den in der Kurve sichtbaren Anstieg kann man sich im Rahmen der linearen Thermodynamik irreversibler Prozesse dadurch erklären, daß in den Frühphasen der Entwicklung die Wärmeproduktion ein Maß für $\frac{đ_a S}{dt}$ (!) ist und das Minimumprinzip für $\frac{đ_i S}{dt}$ in allen Entwicklungsphasen uneingeschränkt gilt (Lurie u. a. 1979). Eine andere Interpretation mittels der nichtlinearen Theorie wurde von Hiernaux u. a. 1976 auf Grund eines biochemischen Modells der Embryogenese versucht, in dem P den in Abb. 3.14 dargestellten Verlauf tatsächlich besitzt. Daß so etwas möglich ist, soll an dem komplexen Ausdruck für die zeitliche Änderung der spezifischen Entropie (S/m) eines Organismus im Laufe der Ontogenese gezeigt werden. Es gilt:

$$\frac{d}{dt}\left(\frac{S}{m}\right) = \frac{1}{m}\frac{dS}{dt} - S\frac{1}{m^2}\frac{dm}{dt} \tag{3.41}$$

oder

$$\frac{dS}{dt} = m \frac{d}{dt}\left(\frac{S}{m}\right) + \frac{S}{m}\frac{dm}{dt}, \tag{3.42}$$

d. h., die gesamte Entropieänderung zeigt infolge eines abnehmenden Differenzierungsterms (spezifische Entropie verringert sich) und eines zunehmenden Wachstumsterms (Masse m nimmt zu) ein komplexes und kein einfaches monotones Verhalten.

Als nächstes wird das Entwicklungskriterium (1.51) auf die Ontogenese angewandt (Zotin 1979). Wird (1.43) für die Affinität $\mathcal{A}$ in (1.10) und die Reaktionslaufzahl ξ in (1.11) bei R chemischen Reaktionen aufgeschrieben, so ergibt sich:

$$P = \frac{đ_i S}{dt} = \frac{1}{T}\sum_{r=1}^{R} \mathcal{A}_r w_r \equiv P_U + P_S. \tag{3.43}$$

Analog zu (1.36) wird bei konstantem p und T (Index!) für die Affinität der r-ten Reaktion

$$\mathcal{A}_r = -\left(\frac{\partial G}{\partial \xi_r}\right)_{p,T}. \tag{3.44}$$

Mit (2.27a) ergibt sich

$$\mathcal{A}_r = -\left(\frac{\partial H}{\partial \xi_r}\right)_{p,T} + T\left(\frac{\partial S}{\partial \xi_r}\right)_{p,T}. \tag{3.45}$$

Der Vergleich mit (3.43) liefert

$$P_U = -\frac{1}{T}\sum_{r=1}^{R}\left(\frac{\partial H}{\partial \xi_r}\right)_{p,T}\frac{d\xi_r}{dt}, \tag{3.46}$$

d. h., die „äußere" Entropieproduktion hängt mit den Enthalpieänderungen zusammen, also nach (2.29e) bei isotherm-isobaren Prozessen mit der Wärmeproduktion. Für die „innere", d. h. im System verbleibende Entropieproduktion ergibt sich

$$P_S = \left(\frac{đ_i S}{dt}\right)_S = \sum_{r=1}^{R}\left(\frac{\partial S}{\partial \xi_r}\right)\frac{d\xi_r}{dt}. \tag{3.47}$$

Sie kann nach Zotin 1979 l. c. experimentell aus

$$P_S = \frac{1}{T}\left(\dot{Q}_{O_2} - \dot{Q}\right) \tag{3.48}$$

ermittelt werden. Dabei sind $\dot{Q}_{O_2}$ = Atmungsintensität, $\dot{Q}$ = Wärmeproduktion. P_S ist proportional der Körpergröße tierischer Organismen, erreicht bei ausgewachsenen Tieren den Wert Null und ist in den frühen Entwicklungsstadien am größten.

Das Entwicklungskriterium läßt sich auch statistisch motivieren, indem es mit der EINSTEINschen Gleichung

$$p = C \exp \frac{\Delta S(a_i)}{k} \tag{3.49}$$

korreliert wird (vgl. auch (1.65)). Dabei sind: p = Wahrscheinlichkeit, daß die Parameter des Systems die Werte a_i besitzen, C = Konstante, $\Delta S(a_i) = S(a_i) - S_0$ mit $S(a_i)$ = Entropie des thermodynamischen Systems mit den Parametern a_i im Nichtgleichgewicht, S_0 = Entropie des Systems im Gleichgewicht, k = BOLTZMANN-Konstante. Dabei muß das Gleichgewicht durch das Fließgleichgewicht ersetzt werden, und p entspricht dann der im Zeitablauf wachsenden Wahrscheinlichkeit, daß sich das System eben diesem stationären Zustand nähert.

3.3.1.2. *Anwendungsbeispiele zur Thermodynamik in der Ontogenese*

Zuerst genannt sei die Benutzung des Kraft-Fluß-Formalismus (1.44) zur Beschreibung des tierischen Wachstums (ZOTINA u. a. 1973; ZOTIN 1985) und damit im Zusammenhang die Lebensdauerbestimmung beim Menschen (ZOTIN u. a. 1978). Die Mannigfaltigkeit der bisher angegebenen Wachstumsgleichungen läßt sich zurückführen auf:

$$\frac{1}{m} \frac{\mathrm{d}m}{\mathrm{d}t} = f(m, t) . \tag{3.50}$$

Wird die relative Wachstumsrate als thermodynamischer Flux gedeutet,

$$\frac{1}{m} \cdot \frac{\mathrm{d}m}{\mathrm{d}t} = I , \tag{3.51}$$

und die Funktion f^* gemäß

$$L \cdot f^* = L \cdot X = f \tag{3.52}$$

als thermodynamische Kraft, so gilt (Index w für Wachstum)

$$I_w = L_{ww} X_w. \tag{3.53}$$

Werden noch Formbildungsprozesse (Index f) und solche der Differenzierung (Index d) berücksichtigt, so wird

$$I_w = L_{ww} X_w + L_{wd} X_d + L_{wf} X_f, \tag{3.54a}$$

$$I_d = L_{dw} X_w + L_{dd} X_d + L_{df} X_f, \tag{3.54b}$$

$$I_f = L_{fw} X_w + L_{fd} X_d + L_{ff} X_f. \tag{3.54c}$$

Diese Gleichungen sind durch geeignete Wahl der Koeffizienten sowohl in einer linearen als auch in einer nichtlinearen Theorie anwendbar. Wird eine eingeschränkte Massenabnahme durch Alterung angenommen, so ergibt sich auf der Basis dieses Gleichungssystems mittels eines Computermodells für belgische Männer eine maximale Lebensdauer von 160 Jahren, wenn die Massenabnahme 30% des Maximalwertes im stationären Zustand nicht überschreitet.

Das zweite Beispiel betrifft die Ontogenese der Pflanzen. Die Übertragung von am Tier gewonnenen Ergebnissen ist sehr erschwert durch Unterschiede in der Entwicklung während der embryonalen und juvenalen Phase, durch häufig auftretende ungeschlechtliche Vermehrung und durch die autotrophe Ernährung der Pflanzen. Ein bei Pflanzen und Tieren analoges Phänomen, das Parallelitäten aufweist, scheint das Altern zu sein, obwohl die Unterschiede in der Lebensdauer bei Pflanzen beträchtlich sind (dreitausendjährige Eibe, Höhn 1976). Zum Beispiel ordnet sich die mit dem Alter abnehmende Stoffwechselaktivität des Blattapparats einer einjährigen Pflanze in das Arigoginesche Minimumprinzip ein, wenn der Sättigungswert Pes Wachstums (maximale Masse) erreicht ist. Die immerfort wachsenden Blätter von Welwitschia mirabilis (Straussburger 1976 l. c.) sind eine Ausnahme und haben im Tierreich keine Entsprechung. Auch die Anwendung des Zotinschen Prinzips auf alternde Blätter (Zeljawski 1980) ist zur Zeit noch qualitativer Natur. Dagegen gibt es zur an die Jahreszeit gebundenen Ontogenese der Pflanzen, die Photosynthese betreffend, quantitative dngaben in einer recht umfangreichen Literatur (Catsky u. a. 1982, Sestak 1977a, 1977b, 1978, Solarova u. a. 1983, Ticha 1982, Ticha u. a. 1981, Zima u. a. 1979). Bezüge zur Thermodynamik sind an verschiedenen Berührungspunkten sichtbar: Elektronentransportkette, Photophosphorylierung, C-Metabolismus, Kompensationspunkt, Diffusionswiderstände.

3.3.2. *Zur Thermodynamik von Entwicklungsunregelmäßigkeiten bei Organismen*

Nicht nur während der Embryogenese, sondern auch bei Regenerationsphänomenen (Wundheilung) gilt in (3.6) das Ungleichheitszeichen,

$$-\frac{\mathrm{d}_a S}{\mathrm{d}t} > \frac{\mathrm{d}_i S}{\mathrm{d}t} > 0, \tag{3.55}$$

um die nötige Strukturbildung zu gewährleisten. Die Energetik (erhöhte Wärmeproduktion) solcher Vorgänge wird meist mittels der Atmung erfaßt (Vladimirova 1978, Zotin 1974 l. c.). Als Beispiel wird die Regeneration des Körpers beim Regenwurm Eicenia foetida in Abb. 3.15 angegeben (vgl. auch erhöhte Atmung bzw. Wärmeproduktion bei beschädigten Früchten in 3.2.3.1. und bei Krebsgewebe in 3.2.3.2., wo ebenfalls Entwicklungsverläufe vorliegen). — Ein weiteres Beispiel bezieht sich auf den Menschen, der bei Streß und Krankheit infolge ungenügender Sauerstoffausnutzung (Differenz zwischen O_2-Partialdruck im arteriellen und venösen Blut ist gering) nur ungenügend Energie für physiologische Prozesse bereitstellt. Dagegen wird eine Sauerstoff-Mehrschritt-Therapie (Ardenne 1982) empfohlen. — Als letztes sei die bereits in 3.1.2.1.5. genannte Thermotherapie von Pflanzen zur Virusbereinigung erwähnt (Baumann 1971, Campell 1967,

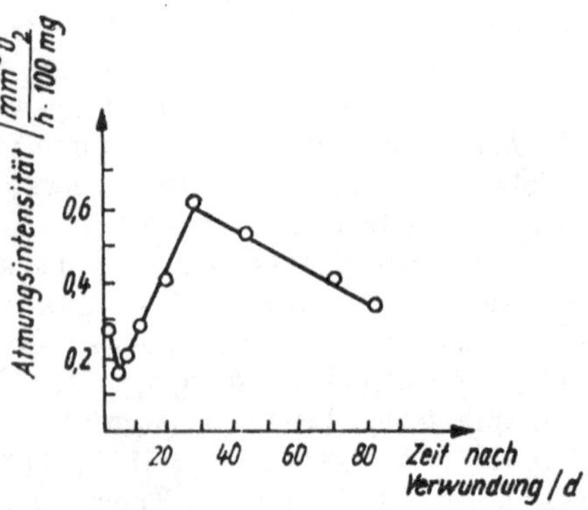

Abb. 3.15. Atmungsintensität, bezogen auf 100 mg Körpermasse (trocken) in Abhängigkeit von der Zeit (in Tagen) nach Körperbeschädigung (Regenwurm)

Posnette u. a. 1962), weil sie im Zusammenhang mit einem Entwicklungsphänomen von Interesse ist. Bei der Meristemkultur kann eine Virusfreimachung (virusfreies Gewebe wächst schneller als sich die Viren vermehren) noch durch Thermotherapie (37 bis 39 °C, 2–4 Wochen) an den entstandenen Jungpflanzen unterstützt werden.

4. Anwendung der Thermodynamik auf der Ebene der Biozönosen

Biozönosen (Lebensgemeinschaften) und ihre Wechselwirkung mit der Umwelt (Ökologie) sind der Gegenstand des letzten Teils. Ökosysteme sind dabei Untersysteme der Biosphäre, der gesamten Mannigfaltigkeit des Lebendigen und deren Lebensstätten. Sie setzen sich aus Biozönose und Biotop zusammen, unterliegen den physikalischen Gesetzen, und ihre thermodynamische Modellierung ist zur Zeit intensiver Forschungsgegenstand. Im ersten Kapitel werden natürliche Ökosysteme, im zweiten künstliche und gestörte betrachtet. Ökosysteme sind thermodynamisch offene, große biologische Systeme von komplexem Charakter im Nichtgleichgewicht. Sie spielen in Land- und Forstwirtschaft, in Umweltschutz und Schädlingsbekämpfung eine entscheidende Rolle. Es gilt erstens, Gesetzmäßigkeiten zu erkennen, und zweitens, Voraussagen zu machen und Beeinflussungsmöglichkeiten abzuschätzen. Auf dem Weg von der thermodynamischen Analyse bis zur Beherrschung von Ökosystemen hat die klassische beobachtende und beschreibende Ökologie (Kloft 1978, Schubert 1986, Walter 1962, 1976) Basisfunktion. Sie wird ergänzt durch experimentelle Untersuchungen (z. B. Pflanzenökologie, Kreeb 1977) und mathematisch-physikalische Modellierung (Ziegler 1972).

4.1. *Natürliche Biozönosen und Ökosysteme*

So wie die Physiologie (Mohr 1969, Netter 1959 l. c.) hat auch die Ökologie (Stugren 1978) ihre Grundlage in der Thermodynamik. Die Gültigkeit des 1. und 2. HS für Ökosysteme steht außer allem Zweifel (Ebeling u. a. 1982 l. c., Feistel u. a. 1981, Mauersberger 1981, Zotin 1980 l. c., Zotin 1985 a).

4.1.1. *Allgemeingültigkeit thermodynamischer Gesetzmäßigkeiten für Ökosysteme*

Wetter, Klima (KOSCHMIEDER 1941, LAJCHTMAN 1976, MATVEJEV 1976) und Boden (MONTEITH 1973 l. c., DE VRIES u. a. 1975) gehören mit zum Problemkreis. Jedes Ökosystem ist in ein Klimasystem eingebettet. Das gilt auch für die Biosphäre insgesamt bzgl. des klimatischen Systems der Erde. Klima ist dabei der mittlere Zustand der Atmosphäre unter Berücksichtigung der Extreme und Häufigkeitsverteilung der meteorologischen Elemente, bezogen auf einen bestimmten Zeitabschnitt (HUPFER 1983). Vom Wetter wird gesprochen, wenn es um aus den Anfangsbedingungen folgende deterministische Aussagen im Zeitraum bis zu drei Wochen geht, während es sich um Klima handelt, wenn nur statistische Prognosen mit Berücksichtigung der Randbedingungen in einem über drei Wochen hinausreichenden Zeitraum gemacht werden. Es werden Klimamodelle aufgestellt, die für die ökologische Forschung von größter Bedeutung sind. Es gibt Energiemodelle, in denen Energiebilanzen die Temperatur als primäre Größe liefern, und dynamische Modelle, in denen Impulsbilanzen den Wind als primäre Größe ergeben. Alle anderen Größen werden als Parameter aufgefaßt (DETTLOFF u. a. 1982).

4.1.1.1. *Der erste Hauptsatz der Thermodynamik in Ökosystemen*

Der 1. HS der Thermodynamik gilt in thermodynamisch offenen Ökosystemen mit ihren irreversiblen zyklischen Stoffflüssen (anorganisch — organisch — anorganisch) und ihren irreversiblen einsinnig gerichteten Energieflüssen. Der Stoffaustausch eines Ökosystems mit der Umgebung ist meist gering, so daß keine Gesamtmasseänderung stattfindet. Die Dynamik des Ökosystems wird durch ständige Energiezufuhr (Strahlungsenergie der Sonne) und Energieabgabe (Wärme und Arbeit) nach außen aufrechterhalten. Die innerhalb einer Nahrungskette ständig abnehmende innere Energie wird durch Energiezufluß ausgeglichen. Insgesamt bleibt im Fließgleichgewicht die innere Energie eine Konstante.

4.1.1.2. Der zweite Hauptsatz der Thermodynamik in Ökosystemen

Die Gültigkeit des 2. HS läßt sich phänomenologisch am einfachsten durch die Tendenz von der Ordnung zur Unordnung erfassen, die durch abiotische und biotische Faktoren hervorgerufen wird. Zum Beispiel kann die Organisation eines Ökosystems durch Überschwemmungen, Brände und Stürme vollständig zerstört werden. Ein Wald wird durch Absterben alter Bäume, Vernichtung junger Bäume infolge Tierfraß und Rodung durch den Menschen teilweise beseitigt. Das übriggebliebene Gras- und Strauchland ist weniger organisiert. Die Organisation eines Ökosystems wird durch Entropieproduktion zerstört und durch Entropieexport aufrechterhalten. Es gilt auch hier Gl. (3.6). Für die Erde insgesamt läßt sich der Entropieexport nach EBELING 1981 leicht abschätzen. Die von der Erde pro Flächeneinheit im Mittel absorbierte Strahlungsleistung beträgt 230 W m^{-2}. Das entspricht ca. 10^{17} W absorbierter Strahlungsleistung, die bei einer Sonnentemperatur von 5800 K abgestrahlt wird. Da es im Mittel zu keinem Aufheizeffekt der Erde kommt, muß dieselbe Leistung wieder abgestrahlt werden. Dies geschieht bei einer mittleren Temperatur von 260 K. Der Entropieexport wird also

$$\frac{đ_a S}{dt} \approx 10^{17}\,\mathrm{W}\left(\frac{1}{5800\,\mathrm{K}} - \frac{1}{260\,\mathrm{K}}\right) \approx 10^{15}\,\frac{\mathrm{W}}{\mathrm{K}}. \tag{4.1}$$

Er ist verantwortlich für die Erhaltung des Lebens auf der Erde: Existenz von Ökosystemen und Fortschreiten der Evolution in ihnen (4.3.3.).

4.1.1.3. Thermodynamische Bilanzierung in Ökosystemen

Die Bilanzen für innere Energie E, Entropie S und freie Enthalpie G lauten gemäß (1.4) für das Ökosystem:

$$\frac{dE}{dt} = \frac{đ_i E}{dt} + \frac{đ_a E}{dt} = 0 + \frac{đ_a E}{dt} = \frac{đ_a E}{dt} \tag{4.2}$$

(E kann sich im Inneren nicht von selbst ändern).

$$\frac{dS}{dt} = \frac{đ_i S}{dt} + \frac{đ_a S}{dt}, \tag{4.3}$$

$$\frac{dG}{dt} = \frac{đ_i G}{dt} + \frac{đ_a G}{dt}. \tag{4.4}$$

In Entsprechung zu (2.130) kann geschrieben werden:

$$\frac{đ_a G}{dt} \geqq T \frac{đ_i S}{dt}. \tag{4.5}$$

Bei isobar-isothermen Prozessen muß dem Ökosystem im Fließgleichgewicht ständig freie Enthalpie zugeführt werden. Für ein Ökosystem kann ein Analogon zur GIBBSschen Gleichung (1.27) aufgeschrieben werden:

$$\frac{dE}{dt} = T \frac{dS}{dt} - p \frac{dV}{dt} + \sum_i \bar{\mu}_i^* \frac{dN_i}{dt} + \sum_j \bar{\mu}_j \frac{dn_j}{dt}. \tag{4.6}$$

$\bar{\mu}_i^*$ = chemisches Potential der Art i, $\bar{\mu}_j$ = chemisches Potential des Stoffs (Substrat) j, N_i = Anzahl der Individuen der Art i, n_j = Molzahl des Stoffs j.

Zur Ergänzung der obigen Gleichungen wird in Abb. 4.1 ein allgemeines Schema zum Energie- und Stoffaustausch in einem Ökosystem wiedergegeben, wobei nur die wesentlichen Komponen-

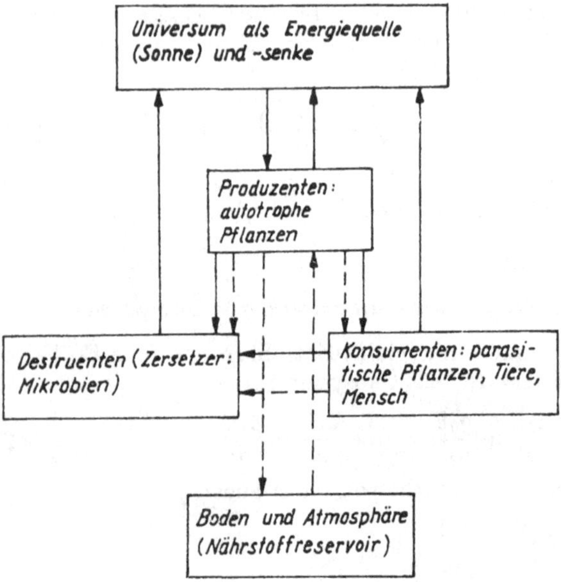

Abb. 4.1. Schema des Austauschs von Energie (———) und Stoff (– – – –) im Ökosystem

ten berücksichtigt werden. Das Weltall wirkt als Energiequelle (Sonne) und -senke (Abstrahlung), während Boden und Atmosphäre hauptsächlich Stoffquelle (H_2O, CO_2, O_2, P, N, K usw.) und -senke sind. Die autotrophen Pflanzen produzieren, Mensch und Tier konsumieren und Mikroorganismen als Destruenten zersetzen. Dieses grobe Schema kann in einzelne Details zerlegt werden: Strukturelement (z. B. Ameisenhaufen), Energie (z. B. Strahlung) und Stoff (z. B. Stickstoff).

Als letztes wird das photosynthetische System der Erde bzgl. seiner Entropiebilanz betrachtet (STEIN 1960). Es ist funktionell (Abb. 4.2) und strukturell (Abb. 4.3) im Detail recht gut erforscht (ALLAN u. a. 1972, LEMON u. a. 1970). Die Entropiebilanz ergibt sich aus der Gleichsetzung von Entropieabnahme infolge Photosynthese mittels Sonnenstrahlung (Aufbau organischer Ordnung) und Entropiezunahme durch Denaturierungsprozesse im stationären Zustand:

$$\frac{1}{4}\, I d b \eta\, \frac{1}{T} = \left(\frac{\mathrm{d}S}{\mathrm{d}t}\right) \frac{\varrho_f}{M}. \tag{4.7}$$

Der Faktor 1/4 berücksichtigt das Verhältnis von Erdkugelquerschnitt und Erdoberfläche, I = Solarkonstante = 1376 W m^{-2}, d = mittlere Strahlungsdurchlässigkeit der Atmosphäre = 0,43, b = photosynthetisch wirksamer Anteil der Strahlung zwischen

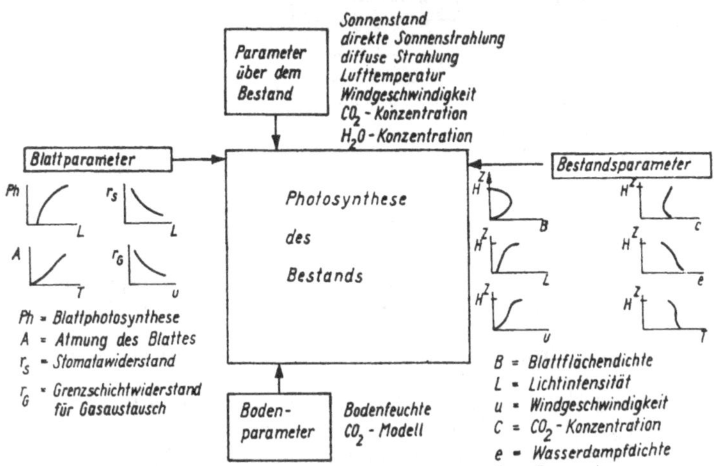

Abb. 4.2. Photosynthese eines Bestands und ökologische Parameter (Z = vertikale Koordinate, H = Bestandshöhe)

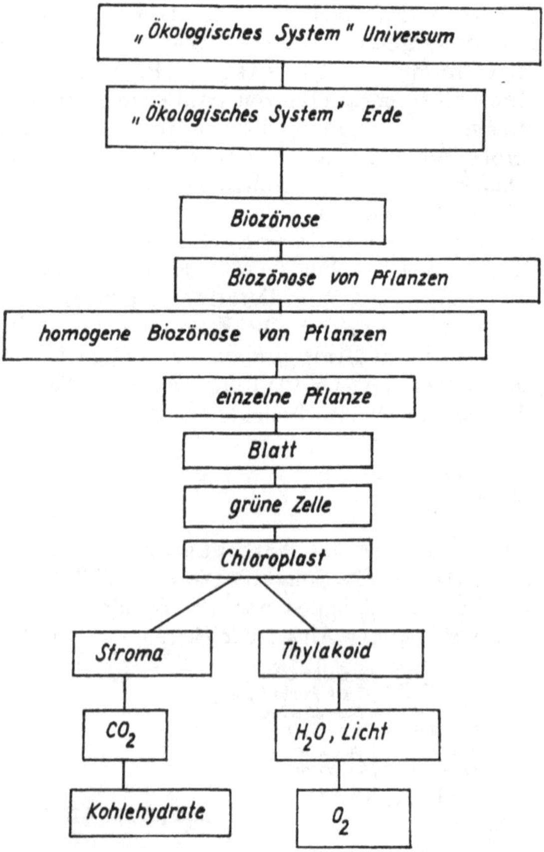

Abb. 4.3. Hierarchie des photosynthetischen Systems

400–700 nm (bei T = ca. 6000 K Oberflächentemperatur der Sonne) = 0,45, η = photochemische Effektivität von Chlorophyll = 20%. Die Größe $\frac{\mathrm{d}S}{\mathrm{d}t}$ wurde aus der Denaturierungsentropie von Hämoglobin (relative Molekülmasse $M = 7 \cdot 10^4$) ermittelt: $\mathrm{d}S = 4{,}19 \cdot 10^2\,\mathrm{JK^{-1}\,mol^{-1}}$ und Zeitkonstante $\mathrm{d}t = 3 \cdot 10^7$ s. Damit ergibt sich eine Flächendichte organischer Materie auf der Erdoberfläche von

$$\varrho_f \approx 2 \cdot 10^4\ \mathrm{g\,cm^{-2}}. \tag{4.8}$$

Der Vergleich mit maximalen Erträgen der Land- und Forstwirtschaft von ca. 1000 dt/ha = 1 g/cm² zeigt, daß der thermodynamisch mögliche Wert wesentlich höher liegt.

4.1.2. *Ungedämpfte Oszillationen der Individuenzahl in Biozönosen*

Die im folgenden beschriebenen Erscheinungen beruhen auf dem Nichtgleichgewicht des Ökosystems und lassen sich mit ähnlichem Formalismus wie in 2.1.3.2.2.1. die zeitlich dissipativen Strukturen in Reaktions-Diffusions-Systemen auf molekularem Niveau behandeln.

Zunächst wird eine Biozönose betrachtet, die nur aus einer Art besteht. Die zeitliche Änderung der Individuenzahl N ist durch

$$\frac{\mathrm{d}N}{\mathrm{d}t} = g - s \tag{4.9}$$

gegeben, mit g = Geburten-(Wachstums-)Rate, s = Sterberate. Wenn gilt

$$g = aN, \tag{4.10a}$$

$$s = bN, \tag{4.10b}$$

wobei a, b von thermodynamischen Parametern wie Temperatur, Feuchtigkeit, Nährstoffkonzentration usw. abhängen können, so wird

$$\frac{\mathrm{d}N}{\mathrm{d}t} = (a - b)\,N = cN\,. \tag{4.11}$$

Die Integration liefert für $a > b$ exponentielles Wachstum (z. B. bei der Erdbevölkerung) und für $a < b$ exponentielles Absinken von N. Es gibt in keinem Fall ein steady state. Wird (4.11) als Reihenentwicklung in folgender Weise fortgesetzt:

$$\frac{\mathrm{d}N}{\mathrm{d}t} = cN - fN^2 = (c - fN)\,N \quad \text{mit} \quad c > 0\,, \tag{4.12}$$

so ergibt die infolge begrenzten Nahrungsangebots eingeführte Abnahme (Minuszeichen!) von N als Integral die logistische Funktion mit Sättigungswert (Abb. 4.4):

$$N = \frac{N_0 c\, \mathrm{e}^{ct}}{c + fN_0(\mathrm{e}^{ct-1}) - 1}\,. \tag{4.13}$$

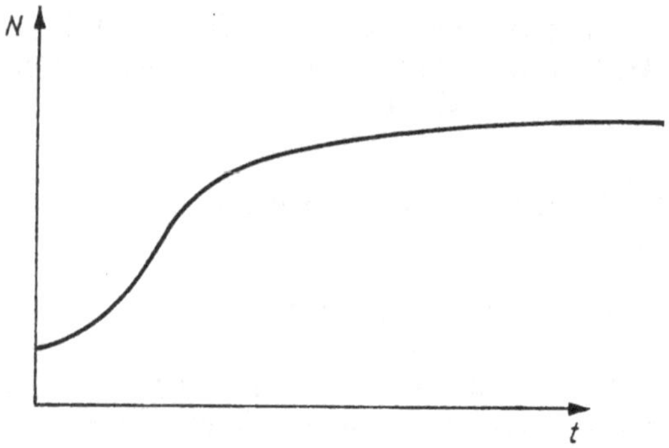

Abb. 4.4. Logistische Funktion: Populationswachstum bis zur Sättigung

Werden jetzt mehrere Arten N_i berücksichtigt, so lassen sich verschiedene Fälle unterscheiden: Koexistenz und Konkurrenz, Symbiose, Räuber-Beute-Verhalten (HAKEN 1977). Im letzten Fall gilt für zwei Arten mit Beutetieren

$$\frac{dN_1}{dt} = \alpha N_1 - \beta N_1 N_2 \tag{4.14a}$$

und Räubern

$$\frac{dN_2}{dt} = \gamma N_1 N_2 - \delta N_2 . \tag{4.14b}$$

Es sei auf das Kopplungsglied der beiden Gleichungen mit $N_1 \cdot N_2$ hingewiesen und als Ergebnis angegeben, daß es Lösungen vom Typ der Abb. 4.5 (Phasenverschiebung) gibt. Diese aus dem thermodynamischen Nichtgleichgewicht folgende zeitlich dissipative Struktur wurde tatsächlich beim Aufkauf von Luchs(Räuber)- und Schneehasen(Beute)-Fellen in Kanada über die Jahre 1845 bis 1935 gefunden (ROMANOVSKY u. a. 1974 l. c.), obwohl hier viele Störfaktoren wie weitere Räuber und Beutetiere, Klima, Jagdglück, Fellpreis usw. eine Rolle spielen: Der Maximumabstand betrug 9—10 Jahre und die Phasenverschiebung 1 Jahr.

Der Vollständigkeit halber sei das verallgemeinerte Gleichungssystem für n Arten angegeben:

$$\frac{dN_i}{dt} = \alpha_i N_i - \sum_{j=1}^{n} \gamma_{ij} N_i N_j \qquad (i = 1, \ldots, n). \tag{4.15}$$

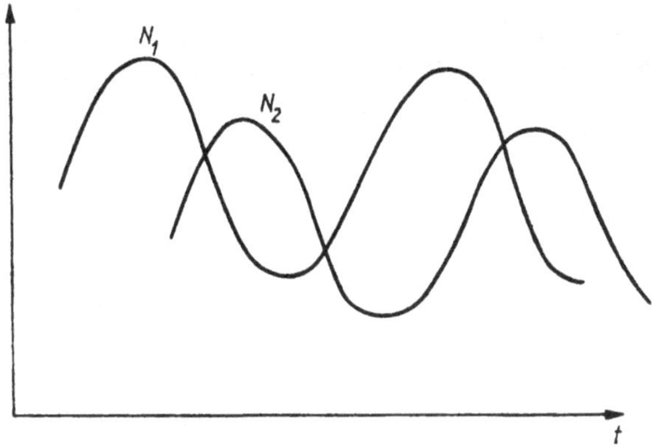

Abb. 4.5. Oszillationen der Individuenzahl N_1 (Beute) und N_2 (Räuber)

Ein realistischeres Gleichungssystem lautet:

$$\frac{dN_i}{dt} = f_i(N_1, \ldots, N_n) \qquad (i = 1, \ldots, n) \tag{4.16}$$

mit beliebigen nichtlinearen Funktionen f_i. Eine allgemeine Lösung existiert dafür zur Zeit noch nicht. Mit Sicherheit lassen sich aber einige „physikalische“ Forderungen fixieren: $N_i \geqq 0$, N_i ganzzahlig, N_i und f_i endlich. Einschlägige Untersuchungen werden für kleines n durchgeführt: Gebirgsseen mit geringem Artenreichtum.

4.2. *Künstliche und gestörte Ökosysteme*

Beispiele sind ein bemanntes Raumschiff und die „Wärmeglocke“ über einer Großstadt. Hier sollen Lagerhaltung von Gemüse und Obst, Blütenfrostschutz in Beständen, Energetik in Agrobiogeozönosen der Landwirtschaft und das Ökosystem Erde besprochen werden.

4.2.1. *Lagerhaltung landwirtschaftlicher Produkte*

Lagerhaltung solcher Produkte ist ein Problem des Energie- und Stoffwechsels: Wärme- und CO_2-Produktion. Die Forderung einer optimalen Temperatur, Luftfeuchtigkeit und Gaszusammensetzung in der Lageratmosphäre bedingt außerdem Energie- und Stoffaustausch mit der Umgebung. Drei thermodynamische Fragen sollen behandelt werden: CO_2-Messung und -Eichung, Frischluftdurchsatzbestimmung zur Belüftung und gesteuerte Diffusion zur Aufrechterhaltung einer bestimmten Gaszusammensetzung. Weitere thermodynamische Probleme wie Temperaturerhöhung bzw. -erniedrigung mittels Heizern bzw. Kühlaggregaten, Feuchtigkeitserhöhung bzw. -erniedrigung mit Hilfe von Wasserverdampfern bzw. von Wärmetauschern durch Taupunktunterschreitung, CO_2-Bindung mittels Absorption durch $Ca(OH)_2$ oder Aktivkohle können nur erwähnt werden.

4.2.1.1. Messung der Kohlendioxidkonzentration und zugehörige Eichung

Sie spielt bei der Gas- oder CA-Lagerung (controlled atmosphere, Polegaev 1982) zur Aufrechterhaltung eines definierten CO_2-Pegels eine Rolle, aber auch bei Photosynthese- und Atmungsmessungen an Pflanzen. Es interessiert der thermodynamische Aspekt des NDIR-Fotometerprinzips (NDIR = nichtdispersives Infrarot, auch IRGAA-Technik genannt: Infrarotgasabsorptionsanalyse). Eine Meßküvette wird vom fraglichen Gas durchströmt. Dies schwächt infolge Rotations- und Schwingungsanregung der CO_2-Moleküle einen IR-Strahl, was zu einer Erwärmung des Gases infolge Absorption führt. Derselbe Effekt wird im Meßsystemstrahlungsdetektor, der mit CO_2 gefüllt ist, ausgenutzt. Durch Wechsellichtbetrieb (Chopper) geschieht die Erwärmung periodisch, was mittels einer Kondensatormembran in ein elektrisches Signal transformiert wird, das ein Maß für die CO_2-Konzentration darstellt. Dazu ist eine Eichung der Meßapparatur nötig. Werden die Eichgase selbst hergestellt, z. B. in Form von N_2/CO_2-Gemischen, so liegt wieder ein thermodynamisches Problem mit Anwendung der idealen Gasgleichung vor. Zum Beispiel wird in eine 10-l-CO_2-Flasche mit einem Druck von 0,5 MPa aus einer 40-l-N_2-Flasche mit 15 MPa solange N_2 übergeleitet, bis der Druck in der CO_2-Flasche 5 MPa beträgt. Dann herrscht in der CO_2-Flasche eine CO_2-Konzentration von 10 Vol.-%. — Eine weitere Fragestellung liegt vor, wenn z. B. bei Photosynthesemessungen die CO_2-Konzentration nicht in Vol.-%, sondern in g/m^3 gesucht ist. Es muß dann die Temperatur- und Druckabhängigkeit dieser

Angabe mittels der idealen Gasgleichung berücksichtigt werden (Leuschner u. a. 1971):

$$\varrho = 0{,}16 \frac{M}{T} p c_V. \tag{4.17}$$

ϱ ergibt sich in g/m³, wenn T in K, p in Torr und c_V in Vol.-% eingesetzt werden. Die relative Molekülmasse M für CO_2 beträgt 44.

4.2.1.2. Gesteuerte Belüftung durch Konvektion

Wird in einer Lagerzelle infolge Atmung der eingelagerten Produkte eine zu hohe CO_2-Konzentration gemessen, so muß Belüftung erfolgen. Durch Zufuhr von Frischluft im konvektiven Strom kann eine konstante CO_2-Konzentration in der Lagerzelle eingestellt werden. (Leuschner 1970). Dasselbe Problem liegt auch bei Pflanzen in einer geschlossenen Wachstumskammer vor (vgl. 4.2.3.1.). Die entsprechende Differentialgleichung lautet:

$$V \frac{dG}{dt} = j(G' - G) - \nu. \tag{4.18}$$

Ihre Lösung ist:

$$G = G' - \frac{\nu}{j} \left(1 - \exp\left(- \frac{j}{V} t\right)\right). \tag{4.19}$$

Dabei sind: G = Gehalt an CO_2 in der Kammer bzw. im austretenden Luftstrom, G' = Gehalt an CO_2 im eintretenden Luftstrom, ν = Intensität der CO_2-Senken bzw. -Quellen in der Pflanzenwachstumskammer bzw. Lagerzelle, j = eintretender bzw. austretender Luftstrom, V = Volumen der Kammer bzw. Lagerzelle, t = Zeit.

4.2.1.3. Steuerung durch Diffusion

Das in 4.2.1.2. behandelte Problem der Steuerung einer Gasatmosphäre kann statt mittels Konvektion auch mit Hilfe der Diffusion gelöst werden. Entsprechende Berechnungen sind für die CA-Lagerung von Gemüse bzgl. des CO_2- und O_2-Austauschs auf der Basis von (für CO_2)

$$J = K(C_i - C_a) \tag{4.20}$$

($J = CO_2$-Strom, K = Proportionalitätsfaktor, $C_i = CO_2$-Konzentration in der Lagerzelle, $C_a = CO_2$-Konzentration außen) durchgeführt worden (Baugerod 1980).

4.2.2. *Frostschutz bei Pflanzen*

In der Praxis tritt dieses Problem meist in Beständen auf. Es gilt beispielsweise in kalten Nächten die Temperatur in einem gefährdeten Bestand über einem Schwellwert zu halten, um das Erfrieren von Blüten zu verhindern. Das läuft auf einen geeigneten lokalen oder globalen „Eingriff" in die Temperaturdifferentialgleichung (vgl. Dethloff 1981 l. c.) hinaus (vgl. z. B. die in 3.1.2.1.2. angegebenen Möglichkeiten).

4.2.3. *Energetik in der Landwirtschaft*

Zur Zeit hält wider besseres Wissen um eine „biologische" Landwirtschaft (4.2.3.2.2.) der Trend zu ihrer weiteren Industrialisierung im Weltmaßstab noch an. Damit ist das Problem der Energetik von großer Bedeutung.

4.2.3.1. *Photosynthese in künstlichen Ökosystemen*

Zwei Beispiele seien angeführt. Das eine betrifft das Meßproblem der Photosyntheserate PhR eines kleinen Bestands getopfter Pflanzen in einer klimatisierten Wachstumskammer. Um zur Größe PhR zu gelangen, muß sowohl im Licht als auch im Dunkeln (Erfassung aller Dunkelatmungsprozesse von Pflanzen und Boden) gemessen werden. Dies kann im geschlossenen oder im offenen System geschehen. Die Differenzbildung entsprechender Werte liefert eine Intensität ν der CO_2-Quellen und -Senken (Atmung und Photosynthese) in Vol.-% h^{-1}, woraus mit der Blattfläche A_{Bl} und einem Korrekturfaktor für Druck, Temperatur, Eichung, Maßeinheitenumrechnung usw. die PhR in mg h^{-1} dm^{-2} folgt:

$$\mathrm{PhR} = K \frac{\nu}{A_{Bl}}. \tag{4.20a}$$

Das zweite Beispiel wurde schon in Abb. 4.2 angesprochen. Es betrifft die zerstörungsfreie Messung der Stoffproduktion von

Feldbeständen mittels Gasstoffwechselmessungen. Aus Konzentrationsgradienten sind die benötigten Größen zu ermitteln. Dabei läßt sich auch aus dem Verlauf der CO_2-Konzentration die PhR gewinnen und daraus die Trockenmassezunahme bestimmen.

4.2.3.2. Stoff- und Energiebilanz der Landwirtschaft

Zur Demonstration des Problems dienen die derzeitigen landwirtschaftlichen Energieaufwendungen im Hinblick auf den Nutzen und thermodynamische Aspekte einer künftigen biologischen Landwirtschaft (Brun 1979).

4.2.3.2.1. Energetischer Aufwand und Ertrag der Landwirtschaft

Für das Jahr 1970 zeigt Tab. 4.1 die Energieaufwendungen der schweizerischen Landwirtschaft (Bachofen 1979, vgl. auch für Israel Stanhill 1975). Sonnenenergie und menschliche Arbeitskraft sind in dieser Bilanz nicht enthalten, auch die Zerstörung der Natur ist nicht berücksichtigt. In Abb. 4.6 sind ferner die Energiebilanzen für bestimmte Produkte dargestellt. Ordinatenwerte über 1 und große Abszissenwerte bedeuten energetische

Tabelle 4.1
Energieaufwendungen der schweizerischen Landwirtschaft im Jahre 1970

Art des Stoffs bzw. der Energie	Masse bzw. Volumen	Energie/10^9 kJ
Treibstoff: Benzin	$57 \cdot 10^6$ l	2507
Diesel	$85 \cdot 10^6$ l	3658
Düngemittel: N	$37 \cdot 10^6$ kg	2944
P	$38 \cdot 10^6$ kg	688
K	$61 \cdot 10^6$ kg	592
Pflanzenschutzmittel		487
Maschineneinsatz (Abschreibungen, Reparaturen)		2486
Elektroenergie		1176
Gesamtaufwand (ohne Arbeitskraft, ohne Sonnenenergie)		14536
Energieinhalt der landwirtschaftlichen Produkte		1,05

Nichtrentabilität. Die Angaben in Tab. 4.2 zeigen obendrein, daß tierisches Protein durch intensive Produktion nur mit hohem energetischen Aufwand hergestellt werden kann. In der Nahrungskette von der Pflanze bis zum Tier treten bis zu 90% Energiever-

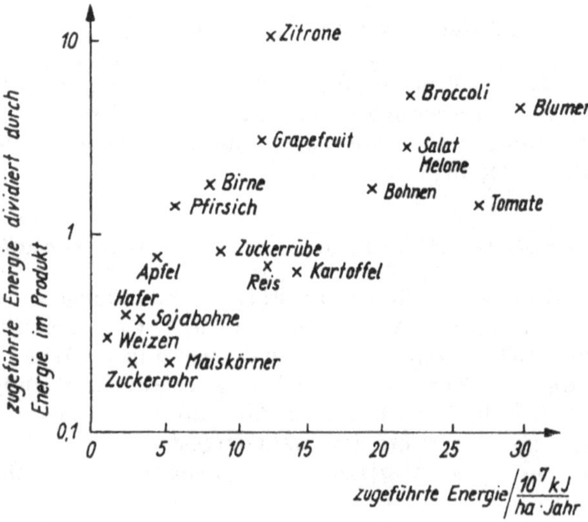

Abb. 4.6. Verhältnis von zugeführter Energie zu im Produkt enthaltener Energie in Abhängigkeit von der zugeführten Energie für verschiedene Produkte

Tabelle 4.2

Energieaufwendung zur Erzeugung von 1 g Protein bei verschiedenen Produkten (unverarbeitet)

Nahrungsmittel	benötigte Energie/kJ
Hering	27,7
Hummer	3229,8
Weizen	57,8
Reis	168,0
Eier	554,4
Hühner	625,8
Schwein	781,2
Milch	1104,6
Mastrind	3360,0

luste in Form von Wärme auf. Die pflanzliche und tierische Produktion der Landwirtschaft ist ein energetisches Verlustgeschäft.

4.2.3.2.2. *Biologische Landwirtschaft*

Darunter wird eine Landwirtschaft verstanden, die sich auf ihre biologischen Grundlagen besinnt und eine Zerstörung der Natur möglichst vermeidet. Seit JUSTUS VON LIEBIG ist die Landwirtschaft linearem Denken verhaftet: Mehr Ertrag durch mehr Einsatz von Energie und Stoff (Düngemittel, Pflanzenschutzmittel, Medikamente). Bevor die thermodynamischen Potentiale eingeführt waren, haben Technik und Physik Berechnungen in der Gleichgewichtsthermodynamik nur mit Hilfe von Kreisprozessen (z. B. CARNOT-Prozeß in 1.3.3.) durchgeführt. Das System kehrt in seinen Ausgangszustand zurück. Die Übertragung dieses Grundgedankens auf die Nichtgleichgewichtssysteme der Landwirtschaft könnte unter Ausnutzung der natürlichen biologischen Zyklen und möglichster Vermeidung des Einsatzes von Fremdenergie und -stoffen den Bauern zum Landwirtschaftspfleger und Tierfürsorger auf der Grundlage der Thermodynamik werden lassen. Erhaltung der Natur und Absicherung der Ernährung wären keine Antagonisten mehr. Versuche in dieser Hinsicht liegen vor (WORTMANN 1979, WADE 1979). Letztere Angabe bezieht sich auf eine Nahrungsproduktionsanlage aus drei stufenförmig an einem Hang gelegenen Teichen (Fisch- und Fischfuttererzeugung) und Treibhäusern (Gemüse). Alles wird mit Sonnenenergie (auch Windkraft) betrieben. Der Gesamtprozeß ist, von Arbeit und Grundkapital abgesehen, kostenlos.

4.2.4. *Das Ökosystem Erde und seine Erhaltung*

Die Erde ist ursprünglich ein natürliches Ökosystem, jedoch heute durch Industrie und Landwirtschaft in weiten Bereichen künstlich und gestört.

4.2.4.1. *Die gefährdete Erde*

Temperaturänderungen durch Umweltverschmutzung und Energieprobleme seien angesprochen. Die durch die Industrie bewirkte Zunahme des Staub- bzw. CO_2-Gehalts der Atmosphäre hat infolge

Schwächung bzw. Absorption (Treibhauseffekt) der Sonnenstrahlung eine Temperaturabnahme bzw. -zunahme zur Folge. Eine Erhöhung des CO_2-Gehalts von 0,032 auf 0,042 Vol.-% für sich allein würde ein Abschmelzen der Polkappen bewirken (Till 1974). Effekte dieser Art sind prekärer, weil der Mensch, wie die Geschichte zeigt, sich gegen Wärme weniger gut zu schützen weiß als gegen Kälte, solange noch Energiereserven vorhanden sind. Doch gerade an dieser Stelle sind weltweit Grenzen sichtbar geworden. Die Existenz des Menschen und der von ihm beeinflußten Biosphäre entscheidet sich an dem Vorhandensein ausreichender Energiemengen. Zur Zeit verbraucht die Menschheit 50% der gesamten Primärenergie (Kohle, Öl, Gas) zum Heizen, Kühlen, Kochen, Warmwasserzubereiten. Einige Fakten sollen die Schärfe des Energieproblems beleuchten. In Tab. 4.3 ist der Weltenergieverbrauch ($2 \cdot 10^{20}$ J) für das Jahr 1970 aufgeschlüsselt. Gegenübergestellt sind in Tab. 4.4 die Energiereserven der Erde. Angesichts des prognostischen Zuwachses der Erdbevölkerung in Abb. 4.7 ist das Energieproblem kein vorübergehendes und in jedem Falle ein globales. Mit seiner Lösung befaßt sich unter anderen auch das IIASA (International Institute for Applied System Analysis) in Laxenburg (Österreich), in dessen Dokumentationen (McDonald 1981) die Akademie der Wissenschaften der UdSSR an hervorragender Stelle genannt ist. Nach derzeitigen Vorstellungen ist die erste Lösungsstufe physikalisch-technologischer Natur, auch wenn die bisherigen Energieträger sonnenenergiebeladene biologische Objekte (Holz, Kohle, Erdöl) sind. Es geht um „nuclear apple" (Atomkernenergie) und „solar orange" (Sonnenenergie).

Tabelle 4.3

Weltenergieverbrauch im Jahre 1970, aufgeschlüsselt auf photosynthetisch rezent erzeugte regenerierbare und nichtregenerierbare Energien. Zwei Ergänzungen: Wasserkraft und Kernenergie. Alle Angaben in 10^{18} J

erneuerbare Energie		nichterneuerbare Energie	
Nahrung aus Pflanzen	15,3	Erdöl	120
Nahrung aus Tieren	24,1	Erdgas	48
Kleidung, Fasern	0,4	Kohle	81
Papier	4,3	Summe	249
Bauholz	6,1	andere Energiequellen:	
Brennholz	12,0	Wasserkraft	16
Summe	62,2	Kernenergie	4

Tabelle 4.4
Geschätzte Energiereserven der Erde

Energieart bzw. -träger			Energiereserve in 10^{21} J
Kohle			88
Erdöl			6
Ölschiefer			6
Teersand			6
Kernspaltung	uranreiches Erz	Nichtbrüter*)	3
		Brüter*)	300
	uranarmes Erz	Nichtbrüter	$5 \cdot 10^3$
		Brüter	$5 \cdot 10^5$
Kernfusion			10^6
Erdwärme			10^{-2}
Sonne (pro Jahr in Meereshöhe)			$2{,}6 \cdot 10^3$
Wasserkraft (pro Jahr)			10^{-1}
Gezeiten			10^{-4}
Wind			10^{-4}

*) Brüter: Kernreaktor mit gleichzeitiger Herstellung von weiterem spaltbaren Kernbrennstoff
Kernfusion: Zwei Wasserstoffkerne verschmelzen unter Abgabe von Energie zu einem Heliumkern

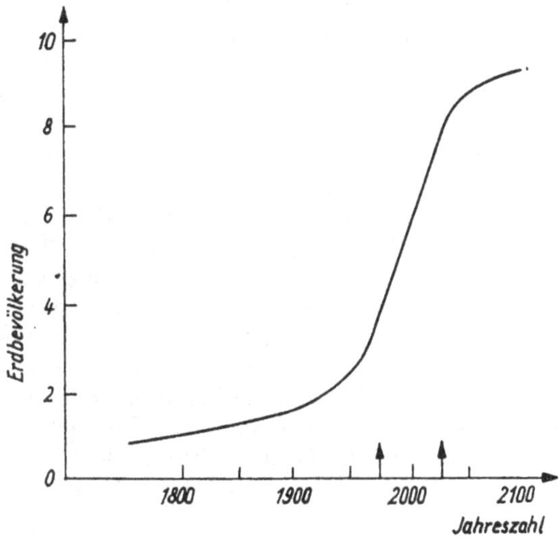

Abb. 4.7. Prognose des Erdbevölkerungszuwachses ○—○ (Erdbevölkerung in Milliarden)

Selbst bei der „sauberen" Sonnenenergie gibt es viele ökologische Probleme. Zum Beispiel würden 15% der Landfläche der Niederlande für Sonnenkollektoren- bzw. -absorber-Aufstellung benötigt (ohne Speicher für bewölkten Himmel, HALL 1979), um die Energielage zu sichern. Ähnliche „biologische" Fragen ergeben sich, wenn die moderne Kern-, die verbreitete Erdöl-, die saubere Erdgas- und die vielseitige Elektroenergie — alle nicht regenerierbar — durch Bioenergie „ersetzt" werden sollen.

4.2.4.2. *Bioenergie*

Bei der Erhaltung des Bios durch Biologie sind zwei Begriffe bedeutungsvoll: Biomasse m_B und Bioenergie E_B. Beide hängen über

$$E_B = c_B m_B \tag{4.21}$$

(c_B = Umwandlungskonstante, die den spezifischen Energieinhalt von m_B und die Effektivität der Umwandlungstechnologie beinhaltet) miteinander zusammen. — Aus Abb. 4.1 geht hervor, daß die Sonne der eigentliche Energielieferant ist. Nur die grünen Pflanzen können diese Energie direkt verwerten und Bioenergie bereitstellen (Abb. 4.8). (Alle anderen Konsumenten und Destruenten können sie nur indirekt nutzen.) Bioenergie ist erneuerbar, planbar und liefert verwertbare „Nebenprodukte" in Form von Rohstoff, Dünger und Nahrung. Sie entsteht in biologischen Zyklen, z. B. wird der Atmosphäre nur soviel CO_2 entzogen wie ihr wieder zugeführt wird. Natürlich sind heute auch schon Nachteile benennbar. Dauernde Nutzung von Flächen für Pflanzenanbau könnte zu Bodenerosion (Ödland) führen und geänderte Reflexion des Sonnenlichts (Störungen im Wärme- und Wasserhaushalt) führen. Das Ausweichen der Biomasseproduktion auf die Weltmeere hätte wahrscheinlich nicht nur erhebliche ökologische, sondern auch ökonomische Konsequenzen. So haben biologische Energiesysteme nicht nur Vorzüge, sondern können auch Bedrohung des Bios bedeuten. Da ergeben sich Ähnlichkeiten der Bioenergie zur Kohle, die das technologische Zeitalter einleitete: Neben die Steinhäuser, mit durch Kohle gebranntem Kalk gebaut, die Glasfenster aus Kohleöfen und die Behaglichkeit der Kohleöfen und -kamine (der Autor von News of Newcastle schrieb 1651 sogar, daß die Kohlesäcke die Freuden der Intimität erhöht hätten, vgl. NEF 1979) traten Ruß, Gestank und eine die ganze Umwelt bedrohende Chemieindustrie.

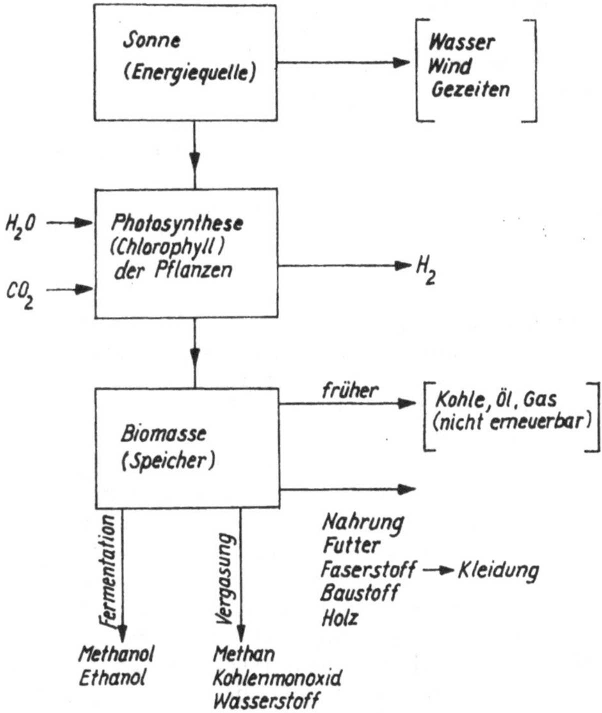

Abb. 4.8. Photosynthese zur Erzeugung von regenerierbarer Bioenergie (nach rechts weisende Pfeile). Nicht regenerierbare andere Energien in Form von Wasser, Wind, Gezeiten, Kohle, Öl, Gas sind der Vollständigkeit halber in eckigen Klammern aufgeführt

4.2.4.2.1. *Bioenergie aus dem Photosyntheseprozeß*

Der Ausnutzungseffekt der auf die Erde einfallenden Sonnenstrahlung durch die Flora zum Erzeugen von Biomasse beträgt 0,1%. Es dienen 0,5% des dabei gebundenen Kohlenstoffs als Nahrung, während die Gesamtproduktion durch Pflanzen das Zehnfache des derzeitigen Weltenergieverbrauchs beträgt (Hall 1979 l. c.). Das bedeutet eine beträchtliche Steigerungsmöglichkeit der Ausnutzung der Photosynthese in quantitativer und qualitativer Hinsicht.

Die geringe Effektivität der Sonnenstrahlungsnutzung bei der Photosynthese rührt her von der selektiven Verwertbarkeit (nur Licht zwischen 400 und 700 nm ist photosynthetisch aktiv), von der Reflexion und der Absorption durch die Blätter, von der geringen CO_2-Bindungseffektivität (für ein Molekül werden etwa 10 Lichtquanten benötigt), von dem Atmungsverlust. Insgesamt führt das zu 5,5% wirksam werdender Sonnenstrahlung. In der Praxis wird jedoch in kurzen Wachstumsperioden bei Weizen 1,7% und bei Mais 3,4% erreicht. Grasland ergibt in der gemäßigten Zone im Jahresmittel einen Wert von 0,8%, was einer Trockenmassezunahme von 6 g m^{-2} d^{-1} entspricht.

Die oben angedeutete Steigerung könnte also beispielsweise an den aufgeführten Ursachen einsetzen. Zum Beispiel Auswahl von C4-Pflanzen, wie Mais, ohne Lichtatmung gegenüber C3-Pflanzen, wie Weizen, mit Lichtatmung, wobei züchterische Verbesserungen zusätzlich anzustreben sind. Brasilien z. B. gewinnt aus der C4-Pflanze Zuckerrohr den Äthylalkohol als flüssige Energiequelle (z. B. Kraftstoff für Autos). Die damit verbundene Nutzung der gesamten Pflanze bedeutet z. B. beim Anbau von Luzerne zur Proteingewinnung, daß alle Nebenprodukte des Extraktionsverfahrens als Brenn- und Rohstoffe genutzt werden. Es hängt von der speziellen Pflanze ab, in welchem Maße die Gewinnung von Bioenergie an die von Nahrung, Rohstoffen und Dünger gekoppelt ist. Holz für Heizzwecke stellt das Musterbeispiel für ausschließlich als Bioenergie genutzte Biomasse dar. Ein weniger bekannter Fall ist die biokatalytische Wasserstoffproduktion bestimmter Algen. An der Photosynthese orientierte künstliche Systeme und Technologien zur CO_2-Bindung, O_2- und H_2-Produktion sind Gegenstand der Forschung, und Ergebnisse sind in Zukunft zu erwarten (Peters 1982).

4.2.4.2.2. Einige weitere Formen der Bioenergiegewinnung

Schon Pasteur hatte die Methangewinnung aus faulenden landwirtschaftlichen Abfällen für die Pariser Straßenbeleuchtung nutzen wollen (vgl. auch Irrlichter über Sümpfen). Die Biogasgewinnung (Bremer 1979) durch anaerobe Methanvergärung (bei der aeroben Vergärung entsteht CO_2 und H_2O) wird auf der Basis von Mist der Rinder und Schweine in Indien in kleinem Maßstab praktisch genutzt (Haye 1979). Weitere Beispiele der Bioenergiegewinnung aus photosynthetisch erzeugter Biomasse sind:

Verbrennung von Abfall im Gemisch mit anderen Festbrennstoffen (Kopenhagen), Hydrolyse (Äthylalkohol aus Holz), Pyrolyse (destruktive Verkohlung ohne Sauerstoff), Hydrovergasung (Umwandlung von Biomasse in Schweröl).

4.3. Entwicklung von Biozönosen und Ökosystemen

Obwohl Mutationen an Individuen stattfinden, basiert Evolution auf Populationen. Phylogenese ist ein Phänomen von Biozönosen und Ökosystemen. Dies ist unter thermodynamischem Aspekt zu sehen und hat demzufolge auch entsprechende Konsequenzen für die biologische Systematik. Dabei ist das gesamte „klassische" Wissen (z. B. MAYR 1967) zu berücksichtigen und außerdem zu beachten, daß der Mensch „mitwirkendes" Kettenglied in dem thermodynamischen Geschehen der Phylogenese ist: „Wir wirken an einem im Grunde recht rätselhaften Geschehen mit, das vor etwa 4 Milliarden Jahren als Leben seinen Anfang nahm. Es handelt sich um einen energetischen Prozeß besonderer Art, der — anders als jene, die die unbelebte Welt beherrschen — nicht im Sinne der Entropie zu Ausgleich und Minderung des Potentials, Arbeit zu leisten, führt, sondern im Gegenteil zur Steigerung des Energiepotentials. Die Organismen sind Träger dieses Prozesses ... Wir sind heute noch weit entfernt, eine rationale Deutung dieses Phänomens vornehmen zu können, dennoch vermögen wir mehr zu tun, als dieses Leben mit einem „Ignorabimus" zu bestaunen. Zumindest in Teilstrecken können wir seine Entwicklung verfolgen und dabei die Gesetzmäßigkeiten der organischen Evolution ablesen. Da wir selbst Produkt und Wirkungsglied dieses Prozesses sind und wie alle Organismen von dem Bestreben zu überleben erfüllt sind, ist die Einsicht in die Vorgänge, denen wir unsere Existenz verdanken, von mehr als bloß theoretischem Interesse." (EIBL-EIBESFELDT 1981). Zwei Feststellungen EIGENS 1981, die im Zusammenhang mit der Evolution getroffen wurden, mögen das Zitat ergänzen: „Die Ordnungsrelationen, die sich aus dem zweiten Hauptsatz und seinen speziellen Anwendungen auf „offene" Nichtgleichgewichtssysteme ergeben, können nur statistisch interpretiert werden. Sie beziehen sich insbesondere auf eine Halbordnung (im Sinne der Mengenlehre), die unvergleichbare Alternativen enthält." und „Die Zahl der möglichen Zustände ist so groß, daß sie innerhalb der räumlichen und zeitlichen Grenzen unseres Universums nicht „realisierbar" ist."

4.3.1. Thermodynamische Effekte in Ökosystemen mit phylogenetischer und systematischer Relevanz

Zuerst etwas zur Bedeutung der periodischen Individuenzahlschwankung für den Evolutionsprozeß (vgl. 4.1.2.). In der Phase des Abnehmens der Zahl der Individuen behaupten sich jene am längsten, die die an die Umwelt angepaßten Merkmale am besten verwirklicht haben. Im Minimum liegen dann die für die Selektion wertvollsten Individuen vor. Im Kurvenanstieg zum Maximum hin werden wieder viele Individuen mit einem breiten Merkmalsspektrum „produziert", so daß die Voraussetzung für die beschriebene Auslese im abfallenden Kurvenast geschaffen ist. Damit liegt ein Mechanismus der Evolutionsbeschleunigung vor.

Ein weiterer Effekt sind die qualitativen Übergänge im Evolutionsprozeß. Es handelt sich um eine Art kinetischer Übergänge der Nichtgleichgewichtsthermodynamik, die ein Analogon zu den Phasenübergängen erster und zweiter Art der Gleichgewichtsthermodynamik darstellen (vgl. 2.1.2.2.2.1.). Physikalische Beispiele sind: Phasenübergang erster Art – Übergang flüssig–gasförmig bei Wasser, kinetischer Übergang zweiter Art – Übergang eines Festkörperlasers vom Lampen- zum Laser(kohärentes Licht)-Regime. Die kinetischen Übergänge in der Evolution der Arten auf der Basis von Populationen in Ökosystemen sehen etwa wie

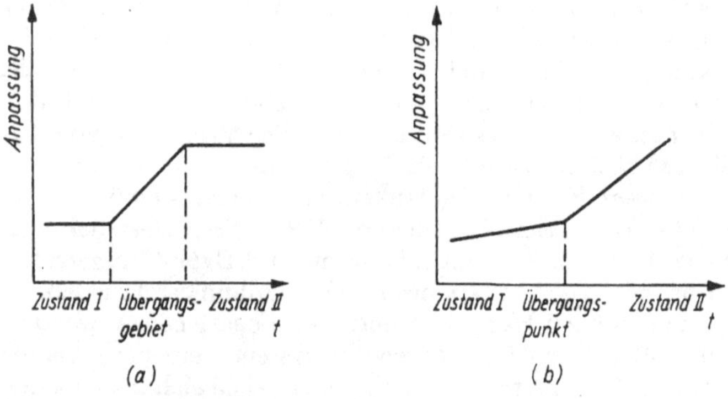

Abb. 4.9. (a) Verbesserung der Anpassung durch „Bereitstellung" eines höheren Selektionswertes infolge Verdrängung der Art A oder Erhöhung des Selektionswertes, (b) Verbesserung der Anpassung durch Arbeitsteilung bei Nutzung zweier ökologischer Nischen

folgt aus. Für den Übergang erster Art stellt man sich eine ökologische Nische vor, die von der Art A genutzt wird. Kommt jetzt eine Art B hinzu, so kann diese während eines Koexistenzzeitraums die Art A völlig verdrängen. Aber derselbe Effekt kann auch erzielt werden, wenn sich die Art A sukzessive verbessert, bis sie den Anpassungswert der Art B erreicht hat. In jedem Falle wäre im Übergangsbereich vom Zustand I zum Zustand II das Taxon A durch das Taxon B ersetzt worden (Abb. 4.9a). In Abb. 4.9b dagegen ist ein kinetischer Übergang zweiter Art dargestellt. Der Zustand I wird vom Zustand II durch einen Übergangspunkt getrennt. Dabei spielt Differenzierung eine entscheidende Rolle. Eine Art A besetzt zwei verschiedene ökologische Nischen, wobei sich jede Population auf die von ihr besetzte Nische spezialisiert, solange, bis zwei getrennte Arten A' und A'' entstanden sind. Die Evolution, d. h. die Verbesserung der Anpassung durch geeignete Selbstorganisationsschritte, ist jetzt dadurch vonstatten gegangen, daß die Nischen arbeitsteilig genutzt werden.

4.3.2. *Thermodynamische Linien der Evolution*

Die treibende Kraft der Evolution ist eine thermodynamische, denn es geht auf allen biologischen Organisationsniveaus, von den sich selbstreproduzierenden Molekülen bis zu den organismischen Populationen, im Zusammenhang mit den davon nicht zu trennenden Strukturbildungs- und erhaltungsprozessen um den Kampf um freie Energie, die letztlich die Entropieexportpumpe Sonne bereitstellt. Aber auch über die Richtung und Geschwindigkeit der Evolution muß thermodynamisch befunden werden. In (1.49a) war das Glansdorff-Prigoginesche Evoutionskriterium für nichtlineare irreversible Prozesse in offenen Systemen bei festgehaltenen Randbedingungen als

$$\frac{đ_X P}{\mathrm{d}t} \leqq 0$$

angegeben worden. Nach unserer derzeitigen Kenntnis gilt es auch uneingeschränkt für die Phylogenese und legt damit für lokale Prozesse die Richtung der Evolution fest. Es stellt ein physikalisch völlig unbefriedigendes Prinzip dar, da es nicht im Sinne einer allgemeingültigen Zustandsfunktion ein globales Bewertungs- oder Anpassungskriterium wiedergibt. Es ist aber gerade dadurch unserem gegenwärtigen biologischen Verständnis adäquat: Es ist kein Ziel der Evolution abzusehen. Eben weil $đ_X P$ kein totales Differential ist, ist eine beliebig komplizierte und unbegrenzte Prozeßmannigfaltigkeit möglich. Die daraus resultierende Artenmannigfaltigkeit wird also den Taxonomen immer ihre unentbehrliche Arbeit liefern.

Nun noch eine Bemerkung zur Geschwindigkeit der Evolution. In (3.38) war das Klassifizierungskriterium Cr auf der Basis der Wärmeproduktion der Organismen angegeben worden. Wenn man das den taxonomischen Kategorien (Stämme, Klassen) zugeordnete Cr in Abhängigkeit vom Erdzeitalter, in dem diese Kategorie im Verlaufe der Phylogenese entstanden ist, aufträgt, ergibt sich nach Zotin 1982 eine Kurve gemäß Abb. 4.10. Diese weist eine eindeutige Entwicklungsbeschleunigung auf, die in ihrer Beziehung zur Respirationsrate und Größe der Organismen diskutiert wurde.

Da die biologische Systematik die Schaffung eines natürlichen

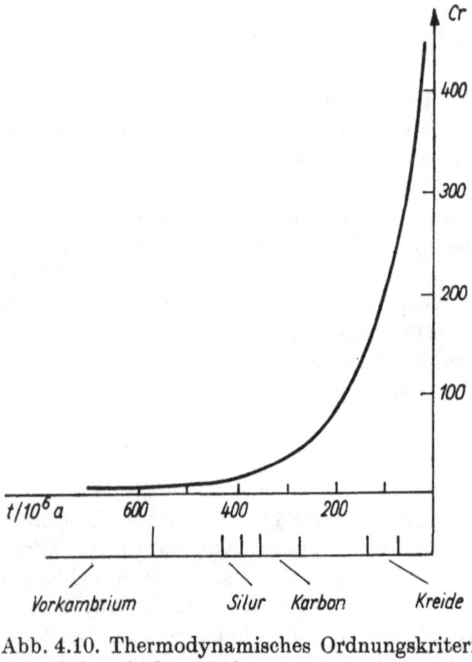

Abb. 4.10. Thermodynamisches Ordnungskriterium in Abhängigkeit vom Erdgeschichtszeitalter

Tabelle 4.5

BASIC-Programm-Ablaufplan zum Programm THETAX
Ausdruck der Identifizierungskette für die C4-Pflanze Mais auf der Grundlage thermodynamischer Merkmale. Es sind hier nur die ja-Zweige bei Entscheidungen berücksichtigt. Aus Platzgründen sind die Entscheidungsblöcke in einer früheren Darstellung wiedergegeben.

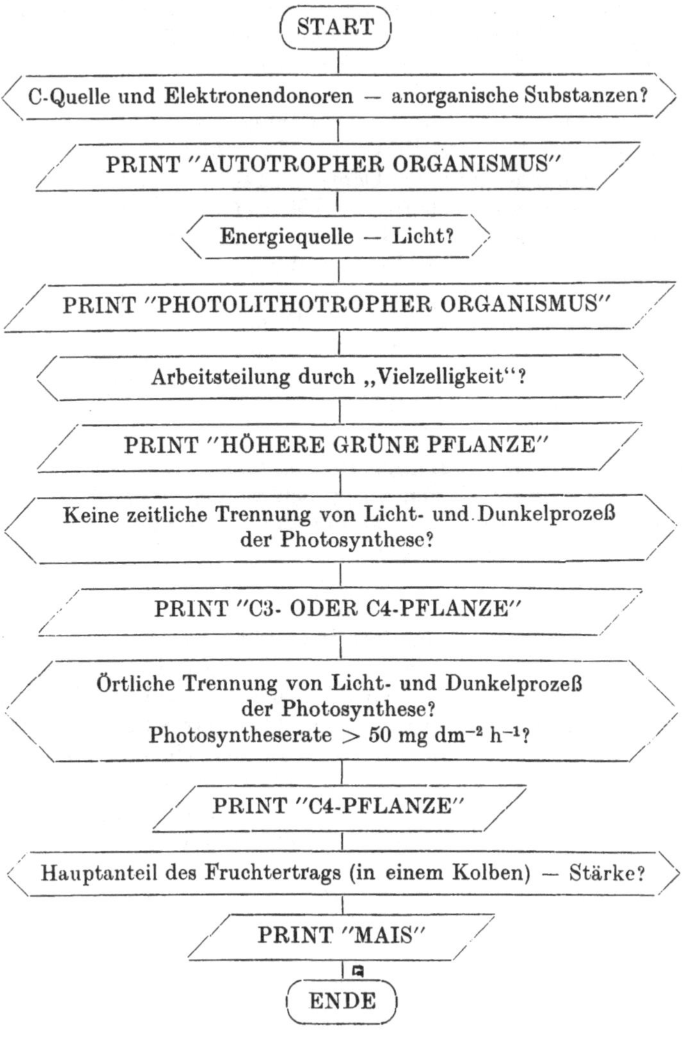

Systems zum Ziel hat und dieses nur auf einem Verständnis der Phylogenese beruhen kann, wird diese Darstellung durch taxonomische Betrachtungen abgeschlossen. Das vom Standpunkt der Thermodynamik zu tun, ist auch formal gerechtfertigt, weil die Taxonomie durch die Einführung mathematischer Methoden (vgl. Leuschner 1974b) einen erheblichen Zuwachs an Exaktheit erfahren hat. Das dynamische Geschehen der Biologie in der biologischen Systematik zu erfassen (Kinzel 1970), läßt sich wohl am besten mit den Mitteln der Thermodynamik realisieren. Andererseits liegt auf Grund der obigen Ausführungen die energetische und entropische Betrachtung der Phylogenese (z. B. auch der der Photosynthese Paschek 1981) nahe. Taxonomie und Thermodynamik besitzen eine Fülle von Gemeinsamkeiten (Leuschner 1981). Die Thermodynamik schafft zur Zeit weder eine neue Systematik noch löst sie deren offene Probleme. Jedoch ergeben sich unter thermodynamischem Aspekt zusätzliche systematische Gesichtspunkte. Zur Demonstration dessen ist in Tab. 4.5 der Programmablaufplan für ein einfaches BASIC-Druckprogramm eines thermodynamisch-systematischen Sachverhalts wiedergegeben. Da sonst Klassifizierungen in der systematischen Forschung gegenüber Identifizierungen immer den Vorrang haben (vgl. Leuschner u. a. 1986, Sviridov u. a. 1986), wurde hier eine Identifizierungsprozedur gewählt. Außerdem war anhand von (3.38) schon eine spezielle Klassifizierung von Tieren angegeben worden, so daß jetzt entsprechend der großen *Bedeutung der Thermodynamik für die Photosynthese, für die Grundvoraussetzung des Lebens auf der Erde,* als zu bestimmende taxonomische Einheit die C4-Pflanze Mais benutzt wurde. Als qualitative und quantitative Unterscheidungsmerkmale sind Energie- und Stoffparameter verwendet worden.

Wie bei allen systematischen Problemen, werden auch in einer „thermodynamischen" Systematik sachlich bedingte Schwierigkeiten, letztlich von (thermodynamischer) Statistik herrührende Grenzfälle auftreten. So gibt es z. B. das Umschalten einiger autotropher Flagellatenarten auf heterotrophe Ernährung bei Angebot organischer Kohlenstoffquellen im Dunkeln und auch C3/C4-Intermediäre bei manchen Pflanzenarten im Verlaufe ihrer Ontogenese.

Literatur

ABOTT, B. C., J. V. HOWARTH 1973: Heat studies in excitable tissues. Physiol. Rev. **53**, 120–158

ADAM, G., P. LÄUGER, G. STARK 1977: Physikalische Chemie und Biophysik. Springer-Verl. Berlin, Heidelberg, New York

ALBRING, W. 1970: Angewandte Strömungslehre. Verlag Theodor Steinkopff Dresden

ALLEN, L. H., E. LEMON, L. MÜLLER 1972: Environment of a Costa Rica forest. Ecology **53** (1), 102–111

Anonym 1970: Aufnahme von Chloroplasten in Säugetierzellen. Umschau **70** (26) (vgl. M. K. NASS, Science **165** (1969), 1128–1131)

Anonym 1970: Chloroplasten als Endosymbionten von Schnecken. Naturwiss. Rdschau **23** (2), 66–67 (vgl. TRENCH, Nature **222** (1969), 1071)

D'ANS-LAX 1967: Taschenbuch für Chemiker und Physiker, 3. Aufl., Bd. I. Makroskopische physikalisch-chem. Eigenschaften. Berlin/Heidelberg/N.Y.

APEL, P. 1969: Zum systematischen Aspekt des Sauerstoffeinflusses auf die apparente CO_2-Aufnahme höherer Pflanzen. Kulturpflanze **XVII**, 191–204

APEL, P., M. PEISKER, M. TSCHÄPE 1972: Beiträge der Photosyntheseforschung zur Ertragsphysiologie, speziell bei Getreide. Kulturpfl. **XX**, 43–62

ARDENNE, M. v. 1982: Sauerstoff-Mehrschritt-Therapie. Ibykus **2** (3), 29–30

ARDENNE, M. v. 1987: Die Kombination der Schritte Hyperthermie, Hyperglykämie und Hyperoxie in den verschiedenen Varianten der Krebs-Mehrschritt-Therapie. Mitteil. Nr. 361 Forsch.-Inst. M. v. Ardenne

ASHWORTH, E. N., G. W. LIGTHNER, D. J. ROWSE 1981: Evaluation of apricot flower bud hardiness using a computer-assisted method of thermal analysis. Hort Science **16** (6), 754–576

AULICK, L. H., D. W. WILMORE, A. D. MASON JR., B. Y. PRUITT JR. 1978: Metabolic and thermoregulatory responses to thermal injury. In: L. GIRARDIER u. a. 1978 l.c.

Autorenkollektiv 1974: Kleine Enzyklopädie Mathematik. Bibliographisches Institut Leipzig

BACHOFEN, R. 1970: Bioenergie — Energie aus lebenden Systemen. In: G. BRUN 1979 l.c., 33—44

BAHR, J. T., R. E. CATHON, G. G. HAMMES 1965: A thermodynamic study of the hydrolysis of cytidine-2′,3′-cyclic phosphate, J. biol. chem. **240**, 3372—3378

BANKS, B. E. C., V. DAMJANOVIC, C. A. VERNON 1972: The so-cell thermodynamic compensation law and thermal death. Nature **240**, 147—148

BASS, A., K. VONDRA, J. TEISINGER, V. VITEK 1978: Enzym activity patterns of a human muscle, Abstacts 12th FEBS Meeting Dresden, 1978

BAUGEROD, H. 1980: Atmosphere control in controlled atmosphere storage rooms by means of controlled diffusion through air-filled channels. Acta Horticulture **116**, 179—185

BAUMANN, G. 1971: Möglichkeiten der Gewinnung virusfreier Jungpflanzen im Obstbau durch Wärmebehandlung. Erwerbsobstbau **13** (1), 10—13

BAUWE, H., P. APEL, M. PEISKER 1980: Ribulose-1,5-biphosphate carboxylase/oxygenase and CO_2 exchange characteristics in C3 and C3—C4 intermediate species checking mathematical models of carbon metabolism. Photosynthetica **14**, 550—556

BEIER, W. 1968: Biophysik. Georg Thieme Leipzig

BEGEMANN (Hrsg.) 1975: Klinische Hämatologie. Georg Thieme Stuttgart

BENDER, D., E. PIPPIG 1975: Einheiten, Maßsysteme, SI. Akademie-Verlag Berlin

BERGTER, F. 1985: Wachstum von Mikroorganismen. Gustav Fischer Jena

BERNHARD, D., F. FURKAREK, E. GÜNTHER, L. KÄMPFE 1980: Evolution und Stammesgeschichte der Organismen. Gustav Fischer Jena

BERTALANFFY, L. v. 1942: Theoretische Biologie. Bornträger Berlin

BIEBACH, H. 1977: Das Winterfett der Amsel (Turdus merula) J. Ornith. (Berl.) **118**, 117—133

BIEBL, R. 1962: Protoplasmatische Ökologie der Pflanzen. Wasser und Temperatur. Protoplasmatologia XII Springer-Verlag Wien

BIERMANN, J., C. STUSHNOFF, M. J. BURKE 1979: Differential thermal analysis and freezing injury in cold hardy blueberry flower buds. J. Amer. Soc. Hort. Sci. **104** (4), 444—449

BOITEUX, A., B. HESS, E. E. SEL'KOV 1984: Experimental and theoretical studies of the regulatory hierarchy in glycolysis. In: KRINKSY, V. I. l. c.

BRANDTS, J. F. 1964: The thermodynamics of protein denaturation. I. The denaturation of Chymotrypsinogen. J. Amer. chem. soc. **86**, 4291—4301

BRÄUTIGAM, E., E. MÜLLER 1975: Transportprozesse in Vallisneria-Blättern und die Wirkung von Kinetin und Kolchizin. I. Aufnahme von α-Aminobuttersäure in Gewebe von Vallisneria und die Wirkung von Kinetin. II. Symplastischer Transport von α-Aminobuttersäure in Vallisneria-Blättern und die Wirkung von Kinetin. III. Induktion einer Senke durch Kinetin. Biochem. Physiol. Pflanzen **167**, 1—12, 17—28, 29—39

Brdička, R. 1977: Grundlagen der physikalischen Chemie. Deutscher Verlag der Wissenschaften Berlin

Bremer, P. 1979: Biogas. In: R. Brun 1979 l. c., 125–139

Breslav, I. S., G. G. Isaev, A. M. Schmelava 1980: Sootnoschenja stimulov, upravljajuschich legochnoj ventiljacijij v perechodnom ustojchivom periodach rabomy. In: A. I. Zotin 1980 l. c.

Brun, R. (red.) 1979: Bioenergie. Fischer Taschenbuch-Verlag Frankfurt/M.

Brush, S. G. 1970: Kinetische Theorie Bd. I u. II, Akademie-Verlag Berlin

Bünning, E. 1963: Die physiologische Uhr. Springer-Verlag Berlin/Göttingen/Heidelberg

Burk, N. F. 1931: The reversibility of coupled reactions in biological systems and the second law of thermodynamics. J. Phys. Chem. **35**, 432

Busch, W. 1980: Das dicke Busch-Buch (Hrsg. W. Teichmann) Eulenspiegel-Verlag, Berlin, 263

Calvin, M. 1959: Energy reception and transfer in photosynthesis. Rev. mod. phys. **31** (1), 147–156

Campell, A. I. 1968: Heat sensivity of some apple viruses. Tagungsber. Nr. 97, 7. Europ. Sympos. Viruskrankheiten Obstbäume 1967, 311–316

Cantoni, G. L. 1953: S-adenosymethionine; a new intermediate formed enzymatically from L-methionine and adenosintriphosphate. J. biol. chem. **204**, 403–416

Carnot, S. 1824: Reflexions sur la puissance motrice du feu et sur les machines propres a developper cette puissance. Bachelier Libraire Paris

Čatsky, J., I. Ticha 1982: Photosynthetic characteristics during ontogenesis of leaves. 6. Intracellular conductance and its components. Photosynthetica **16** (2), 253–284

Chernavskaja, N. M., D. S. Chernavskij 1960: Periodische Erscheinungen in der Photosynthese (russ.). Uspechi fiz. nauk Moskau **72** (3), 628–652

Chernavskaja, N. M., D. S. Chernavskij 1966: On oscillations in dark photosynthesis reactions. Studia biophysica **1** (S 2), 83–90

Chernavskaja, N. M., D. S. Chernavskij 1981: Physical aspects of the bacteriorhodopsin action model. Photosynthetica **15** (2), 195–200

Chernavskaja, N. M., D. S. Chernavskij 1985: New information in evolution. In: I. Lamprecht u. a. 1985 l. c. unter A. I. Zotin 1984

Chernavskij, D. S., N. M. Chernavskaja, K. Günther, A. Hache 1975: A model of the active transport of protons in photosynthesis. Studia biophysica **49** (2), 91

des Coudres, Th. 1906: Ber. königl.-sächsische Ges. Wiss. **58**, 617; zit. nach E. Broda „Ludwig Boltzmann" Dt. Verl. d. Wiss. 1957, S. 32, 79

Dahse, I., E. R. J. Keller, E. Müller 1981: Ion exchange properties of the corn coleoptile cell wall space. II. Concentration potentials and bionic potentials, Bioch. Physiol. Pflanz. **176**, 687–690

DAVIES, M. 1974: Funktionen biologischer Membranen. Gustav Fischer Jena

DENNIS, F. G. 1976: Some approaches to the control of freeze injury in stone fruits. Riv. Ortoflorofrutt. It. **6** (1), 56–63

DETHLOFF, K., D. PETERS 1982: Simulation of long term temperature trends in zero-dimensional climate system. Z. Meteor. **33** (4), 225–229

DEVENYI, T., P. ELÖDI, T. KELETI, G. SABOLESI 1969: Strukturelle Grundlagen der biologischen Funktion der Proteine. Akadémiai kiadó Budapest

MC DONALD, A. 1981: Energy in a finite world. Executive report 4 by the energy system program group of the IIASA A-2361 Laxenburg Austria

DOUGLAS, T. B., A. F. BALL, J. L. TORGESEN 1951: Heat capacity of crystalline dextrose between 25° and 95°. J. Amer. chem. soc. **73**, 1360–1361

DVORŠAK, I., E. E. SEL'KOV 1980: The stochiometric and allosteric regulation in the Calvin cycle. Photosynthetica **14** (4), 564–574

EBELING, W. 1976: Strukturbildung bei irreversiblen Prozessen. Teubner Leipzig

EBELING, W. 1981: Physikalische Prinzipien der Selbstorganisation und Evolution. Aus d. Arbeit v. Plen. u. Klassen AdW DDR Berlin. **6** (7), 1–34

EBELING, W., R. FEISTEL 1982: Physik der Selbstorganisation und Evolution. Akademie-Verlag Berlin

EBELING, W., R. FEISTEL 1984: Physical models of evolution processes. In: V. I. KRINSKY l. c.

EBELING, W., H. MALCHOW 1979: Bifurcations in a bistable reaction-diffusion system. Annalen d. Physik 7. Folge, **36** (2), 121–134

ECKERT, H. G., H. STRECKER 1978: Prinzip und Anwendung des Radioimmunassays. Naturwiss. **65**, 245–249

EIBL-EIBESFELDT, I. 1981: Der Mensch im Lebensstrom. In: Lust am Denken. R. Piper Verlag München

EIGEN, M. 1971: Selforganization of matter and the evolution of biological macromolecules. Naturwiss. **58** (10), 465–523

EIGEN, M. 1981: Schöpfung oder Offenbarung? In: Lust am Denken. R. Piper Verlag München

EIGEN, M. 1985: Macromolecular evolution: dynamical ordering in sequence space. Ber. Bunsenges. Phys. Chem. **89**, 658–667

EIGEN, M. 1987: Stufen zum Leben. München

EIGEN, M., P. SCHUSTER 1977 bzw. 1978: The hypercycle. Naturwissenschaften **64**, 541–565, bzw. **65**, 7–41, 341–369

EIGEN, M., R. WINKLER 1973/74: Ludus vitalis. Mannheimer forum **73/74**, 53–139

EISENBERG, D., W. KAUZMANN 1969: The structure and properties of water. London

FEISTEL, R., W. EBELING 1981: On the thermodynamics of irreversible processes in ecosystems. studia biophysica **86**, 237

FEISTEL, R., W. EBELING 1985: Stochastic models of evolutionary processes. In: A. I. ZOTIN 1984, l. c.

FERMI, E. 1937: Thermodynamics. Prentice-Hall Inc. New York (russ. Übersetz. v. B. A. WEISMAN: Verl. d. Charkower Univ., Charkow 1969)

FEUSTEL, R. 1979: Abstammungsgeschichte des Menschen. G. Fischer Jena

FORSLIND, E. 1971: Structure of water. Quart. rev. biophys. **4** (4), 325 bis 363

FÖRSTER, H. 1976: Einheiten, Größen, Gleichungen und ihre praktische Anwendung. Fachbuchverlag Leipzig

FRANK, H. S. 1970: The structure of ordinary water. Science **169** (3946), 635–641

FRITSCHE, H., L. KITTLER, G. LÖBER, K. E. REINERT, D. TRESSELT, H. TRIEBEL, CH. ZIMMER 1976: Strukturuntersuchungen an Biopolymeren mit spektroskopischen und hydrodynamischen Methoden. Akademie-Verlag Berlin

FUNG, Y. 1981: Biomechanics. Springer-Verlag New York

GATES, D. M. 1976: Energy exchange and transpiration. In: W. D. BILLINGS u. a., Ecological studies. Vol. 19, Springer Berlin etc., 137–147

GEISSLER, E. (Hrsg.) 1972: Molekularbiologie. Meyers Taschenlexikon Leipzig

GERTH, B., G. POMPE 1979: Mikrokalorimetrie. Manuskr.-Druck TU Dresden

GIRARDIER, L., J. SEYDOUX 1978: Effectors of thermogenesis. Proceedings Symp. Geneva 14.–16. 7. 1977. Birkhäuser Verlag Basel, Stuttgart

GIZBRECHT, JA. JA. 1975: Osobennosti termoregulacii korov pri niskich i vysokich temperaturach sredy v raznye periody laktacii. Sel'skochozjastvennaja biologija **10** (5), 675–681

GLANSDORFF, P., I. PRIGOGINE 1971: Thermodynamic theory of structure, stability and fluctuations. Wiley-Interscience London etc.

GLASER, R. 1982: Echinocyte formation induced by potential changes of human red blood cells. J. membrane biol. **66**, 79–85

GLASER, R. 1983: Grundriß der Biomechanik. Akademie-Verlag Berlin

GLASER, R. 1986: Einführung in die Biophysik. Gustav Fischer Jena

GLASER, R., G. FUHR 1986: Electrorotation of single cells – a new method for assessment of membran properties. In: M. BLANK (Ed.): Electrical double layers in biology. Plenum press New York, 227–242

GLASER, R., G. FUHR, J. GIMSA 1983: Rotation of erythrocytes, plant cells, and protoplasts in an outside rotating electrical field. studia biophysica **96** (1), 11–20

GLUSCHKO, A. A. 1980: Dinamicheskije charakteristiki teplo- i vlagoobmena cheloveka. In: A. I. ZOTIN 1980 l. c., 302–312

GOODWIN, B. C. 1963: Temporal organization in cells – a dynamic theory of cellular control processes. Akad. press London, New York

GRIMSEHL (Hrsg. SCHALLREUTER) 1957: Lehrbuch der Physik. 1. Bd.: Mechanik, Wärmelehre, Akustik. Teubner Leipzig

GRUDNICKIJ, V. A. 1980: Tipy periodnych processov energeticheskogo obmena pri oneschnich vosdejstvijach na organizm. In: A. I. ZOTIN 1980 l. c.

HAGETH, G. T. 1974: Effect of noise on the mathematical parameters that describe isothermal seed germination. Plant Physiol. **53**, 641–643

HAGETH, G. T. 1976: Activation energy and germination times for isothermal seed germination. J. theor. biol. **59**, 247–249

HAGETH, G. T., R. D. JOYNER 1975: Kinetics and thermodynamics of isothermal seed germination. J. theor. biol. **53**, 51–65

HAKEN, H. 1973: Synergetics. Teubner Verlag Stuttgart

HAKEN, H. 1977: Synergetics. Springer-Verlag Berlin, Heidelberg, New York

HALL, D. O. 1979: Übersicht der Möglichkeiten der Gewinnung von Bioenergie. In: R. BRUN 1979 l. c., 85–109

HALL, A. E., E. D. SCHULZE, O. L. LANGE: Current perspectives of steady state stomatal responses to environment. In: W. D. BILLINGS u. a.: Ecological studies Vol. 19, Springer-Verlag Berlin, Heidelberg, N.Y.

HARRISON, K. 1961: Kurzer Abriß der Biochemie. Wien

HÄUSSLER, W., H. KORTUM (Hrsg.) 1978: Taschenbuch Maschinenbau. Verlag Technik Berlin

HAYE, D. 1979: Energieproduktion ohne Zerstörung der Natur. In: R. BRUN 1979 l. c.

HEBER, G., G. WEBER 1960: Grundlagen der modernen Quantenphysik. Teubner Leipzig

HENWOOD, K. 1975: Infrared transmittance as an alternative thermal strategy on the dessert beetle Onymacris plana. Science **189**, 993–994

HERMANN, G., B. KIRCHHOF, K. J. APPENROTH, E. MÜLLER 1983: Fluorescence emission and fluorescence excitation spectra of large phytochrome measured in dependence on the excitation and the emission wavelength. Bioch. Physiol. Pflanzen **178**, 177–181

HERMANN, G., E. MÜLLER 1980: Modifizierung der SH-Gruppen im Phytochrommolekül mit 5,5'-Dithiobis-(2-Nitrobenzoesäure) und Quecksilberionen. Biochem. Physiol. Pflanzen **175**, 755–763

HERMANN, G., E. MÜLLER, D. SCHUBERT, H. WABNITZ, B. WILHELMI 1982: Fluorescence lifetime of the information processing plant pigment phytochrome. Biochem. Physiol. Pflanzen **177**, 687–691

HEWETT, E. W. 1975: Seasonal variation of cold hardiness in apricots. New Zealand J. agric. res. Wellington **19** (3), 353–358

HIERNAUX, J., A. BABLOYANTZ 1976: Dissipation in embryogenesis. J. Non-Equilibr. Thermodyn. **1**, 33–41

HILL. A. V. 1965: Trails and trials in physiology. Arnold London

HILL, C. M., R. D. WAIGHT, W. G. BARDSLEY 1977: Does any enzyme follow the Michaelis-Menten equation? Molecul. cell. biochem. **15**, 173–178

HOFFMANN, P. 1975: Photosynthese. Akademie-Verlag Berlin

HOFFMANN 1980: Adenylate und Pyridinnukleotide als regulierende Faktoren im Energiehaushalt der Pflanzen. Colloquia Pflanz.physiol. **3**, 77–83

HOFMANN, E. 1986: Zellbiochemiel Bd. IV Dynam. Biochemie. Akademie-Verlag Berlin

HÖHN, R. 1976: Seltsames aus dem Reich der Pflanzen. Edition Leipzig

HORSTHEMKE, W., R. LEFEVER 1984: Noise-induced transitions. Springer Berlin etc.

HOTTENBACH, A., J. GÜNDEL, G. HERMANN, D. HARVSKE, E. MÜLLER 1982: Does phytochrome interact with lipid bilayers? Bioch. Physiol. Pflanz. **177**, 611–617

HÜCKEL, W. 1957: Anorganische Chemie. Akadem. Verlagsges. Leipzig

HUFFMAN, H. M., S. W. FOX 1938: Thermal data. X. The heat of combustion and free energy, at 25°, of some organic compounds concerned in carbohydrate metabolism. J. Amer. chem. soc. **50**, 1400–1403

HUNDING, A. 1981: Spontaneous pattern formation in spherical nonlinear reaction-diffusion systems: selection rules favor the bipolar "mitosis" pattern. J. chem. phys. **75** (1), 486–488

HUNDING, A. 1982: Spontaneous biological pattern formation in the three-dimensional sphere. Prepatterns in mitosis and cytokinesis. In: H. HAKEN (Ed.): Evolution of order and chaos. Springer ser. on synergetics **17**, 100–111

HUNDING, A. 1984: Bifurcations of nonlinear reaction-diffusion systems in oblate spheroids. J. Math. Biol. **19**, 249–263

HUNDING, A. 1986: Turing structures in cytokinesis, mitosis and early embryogenesis. In: Selforganization by nonlinear irreversible processes (Edit. W. EBELING, H. ULBRICHT), Springer-Verlag Berlin etc.

HUPFER, A. 1983: Physikalische Aspekte des globalen Klimasystems. Kolloquiumsvortrag Physikal. Ges., Berlin

ISKENOV, N. T., S. JU. KLEJMENOV, I. V. SCHURAVLEV, A. I. ZOTIN 1985: Dychanije i teploprodukcija v zardoyschevom razvitii kur. Ontogenez **16** (5), 518

JARVIS, P. G. 1975: Water transfer in plants. In: D. A. DE VRIES, N. H. AFGAN 1975 l. c., 369–394

JAWORSKI, B. M., A. A. DETLAF 1977: Physik griffbereit. Akademie-Verlag Berlin

JOHNSON, C. R. 1977: Thermoregulation in pythons. IV. Thermoregulation in the Papuan New Guinean pythons within the genera Python, Liasis and Chondrophython. Zool. J. Linnean Soc. **60**, 189–195

JONES, M. E. 1953: Discussion zu KAUFMAN, S.: Succinyl coenzyme A and its role in phosphorylation. Fed. Proc. **12**, 704–710

JOOS, G. 1943: Lehrbuch d. theor. Physik. Akadem. Verlagsges. Leipzig

JOUY, M. 1982: Energy transfer from protochlorophyllide to the $C_{695-682}$ Chlorophyllide at room temperature. Photosynthetica **16** (1), 123–128

KAHRIG, E., BESSERDICH, H. 1977: Dissipative Strukturen. Georg Thieme Leipzig

KARLSON, P. 1972: Biochemie. Georg Thieme Stuttgart

KATCHALSKY, A., P. F. CURRAN 1967: Nonequilibrium thermodynamics in biophysics. Havard Univ. Press Cambridge Massachusetts

KAWAIZUMI, F., N. NISHIO, H. NOMURA, Y. MIYAHARA 1981: Heat capacity measurements of aqueous solutions of mono-, di-, and trisaccharides using an isoperibol twin calorimeter. J. chem. thermodyn. **13**, 89–98

KEDEM, O., A. KATCHALSKY 1958: Biochim. Biophys. Acta **27**, 229

KEHLEN, H., F. KUSCHEL, H. SACKMANN 1977: Grundlagen der chemischen Kinetik. Akademie-Verlag Berlin

KELLER, E. R. J., I. DAHSE, E. MÜLLER 1980: Ion exchange properties of the corn coleoptile cell wall space. I. Concentration potentials and fixed charge activity. Bioch. Physiol. Pflanzen **175**, 643–652

KINZEL, H. 1970: Möglichkeiten und Ziele einer vergleichenden Physiologie der Pflanzen. Umschau Wiss. Technik H. 7, 206–209

KITTEL, C. 1973: Physik der Wärme. R. Oldenburg/John Wiley München etc.

KLIMA, R., F. BODART 1974: Blutkörperchensenkung, Koagulationsband und Blutbild. Urban u. Schwarzenberg Wien

KLOFT, W. J. 1978: Ökologie der Tiere. Eugen Ulmer Stuttgart

KLOTZ, I. M. 1971: Energetik biochemischer Reaktionen. G. Thieme Stuttgart

KLUGE, G., G. NEUGEBAUER 1976: Grundlagen der Thermodynamik. Dt. Verlag. d. Wiss. Berlin

KNOX, R. S. 1969: Thermodynamics and the primary processes of photosynthesis. Biophysical J. **9**, 1351–1362

KOBOZEV, N. I. 1971: Issledovanije v oblasti termodynamiki processov informacii i myšlenija. Izd. Moskovskogo Univ. Moskau

KOHLRAUSCH, F. 1955: Praktische Physik. Bd. 1 u. 2. Teubner Leipzig

KOSCHMIEDER, H. 1941: Dynamische Meteorologie. Akadem. Verlagsges. Leipzig

KRASAVCEV, O. A., N. N. CHVALIN 1978: Ob osobennostjach morozostojkosti i vymerzanija parenchimnych kletok dreveseny jabloni. Fiziol. rast. **25** (1), 5–11

KREEB, K. 1977: Methoden der Pflanzenökologie. Gustav Fischer Jena

KRIEDEMANN, P. E. 1971: Crop energetics and horticulture. Hort Science **6** (5), 432

KRINSKY, V. I. (Hrsg.) 1984: Self-organization. Autowaves and structures far from equilibrium. Proc. Intern. Sympos. Pushchino 1983. Springer Berlin

KUBAN, R. 1986: Zum internationalen Stand der kristallographischen Datenbanken. Mitt. Verein. Kristall. **21** (2), 19–31

KULL, U. 1970: Evolution des Photosynthesemechanismus. Naturwiss. Rdsch. **23**, 329

LAJCHTMAN, D. L. (Hrsg.) 1976: Dinamičeskaja meteorologija. Izd. Gidrometeoizdat Leningrad

LAKSO, A. N. 1979: Seasonal changes in stomatal response to leaf water potential in apple. J. Amer. Soc. Hort. Sci. **104** (1), 58–60

LAMPRECHT, I., A. I. ZOTIN (Editors) 1988: Thermodynamics and pattern formation in biology. Berlin, New York

LANDOLT-BÖRNSTEIN 1961: Zahlenwerte und Funktionen aus Physik,

Chemie etc. Eigenschaften der Materie in ihren Aggregatzuständen, 4. Teil, Kalorische Zustandsgrößen, 6. Aufl. Springer-Verlag Berlin etc.

LANDOLT-BÖRNSTEIN 1969: Zahlenwerte und Funktionen aus Physik, Chemie, Astronomie, Geophysik, Technik, 5. Teil, a) Transportphänomene I (Viskosität und Diffusion)

LANGE, O. L., L. KAPPEN, E.-D. SCHULZE (edit.) 1976: Water and plant life. Problems and modern approaches. Springer-Verlag Berlin/Heidelberg/N.Y.

LASKOWSKI, W., W. POHLIT 1974: Biophysik. Georg Thieme Stuttgart

LAUFFER, M. A. 1975: Entropy-driven processes in biology. Springer-Verlag Berlin/Heidelberg/N.Y.

LEMON, E., L. H. ALLEN, L. MÜLLER 1970: Carbon dioxide exchange of a tropical rain forest. Part II. Bioscience **20** (19), 1054–1059

LENK, R. 1978: Einführung in die statistische Mechanik. Dt. Verl. d. Wiss. Berlin

LEUSCHNER, D. 1968: Kristall- und Magnetstrukturuntersuchungen an intermetallischen Verbindungen mit experimentellen Ergebnissen an $ZrCO_2$. Dissertation TU Dresden

LEUSCHNER, D. 1970: Zeitverhalten von Gaskonzentrationen in Pflanzenküvetten. Arch. Gartenb. **18** (8), 457–461

LEUSCHNER, D. 1973: Unveröffentlichte Untersuchungen zum stetigen bzw. diskreten Pflanzenwachstum

LEUSCHNER, D. 1974: Zur mathematischen Behandlung taxonomischer Merkmale. Biom. Z. **16** (3), 213–216

LEUSCHNER, D. 1974a: Ein Computer-Programm zur Berechnung gasstoffwechselphysiologischer Kenngrößen in geschlossenen Systemen. Photosynthetica **8** (2), 87–90

LEUSCHNER, D. 1974b: Einführung in die numerische Taxonomie. Gustav Fischer Jena

LEUSCHNER, D. 1979: Grundbegriffe der Thermodynamik. Akademie-Verlag Berlin

LEUSCHNER, D. 1981: Biomathematics in embryogenesis and the conception of the phoronomics of the entropy. Biom. J. **23** (8), 823–829

LEUSCHNER, D. 1981a: A specification of numerical taxonomy: thermodynamical taxonomy. Biom. J. **23** (6), 611–620

LEUSCHNER, D. 1985: Information and cybernetic aspects of biological thermodynamics. In: ZOTIN A. I. 1984 l. c.

LEUSCHNER, D., R. BÜTTNER 1971: Druckänderungen am Infrarotabsorptionsanalysegerät (IRGA) bei pflanzenphysiologischen Messungen. Arch. Gartenbau **19** (6), 379–385

LEUSCHNER, D., P. SCHULZE 1977: Die Einführung des Internationalen Maßsystems – auch im Gartenbau. Arch. Gartenb. **25** (1), 45–54

LEUSCHNER, D., P. SCHULZE, G. ASCHENBACH, R. HABENICHT, K. DIPPE 1982: Physikalische Modellvorstellungen zu Verdunstungserscheinungen bei Apfelfruchtfleisch. Arch. Gartenbau **30** (5), 215–225

LEUSCHNER, D., A. V. SVIRIDOV 1986: The mathematical theory of taxonomic keys. Biom. J. **28** (1), 109–113

LI, P. H., A. SAKAI 1978: Plant cold hardiness and freezing stress. Mechanisms and crop implications. Acad. press New York, San Francisco

LIBBERT, E. 1979: Lehrbuch der Pflanzenphysiologie. Gustav Fischer Jena

LOTKA, A. J. 1956: Elements of mathematical biology. Dover publ. inc. New York

LURIE, D., J. WAGENSBERG 1979: Entropy balance in biological development and heat dissipation in embryogenesis. J. Non-Equilibr. Thermodyn. **4**, 127

MACKE, W. 1962: Thermodynamik und Statistik. Akad. Verlagsges. Leipzig

MARTI, E., H. R. OSTWALD, H. G. WIEDEMANN (Hrsg.) 1979: Angewandte chemische Thermodynamik und Thermoanalytik. Birkhäuser Verlag Basel etc.

MARTONOSI, A. N. (Hrsg.) 1982: Membrans and transport. Vol. 1, 2. Plenum Press, New York

MARTSOLF, J. D., C. M. RITTER, A. H. HATCH 1975: Effect of white latex paint on temperature of stone fruit tree trunks in winter. J. Amer. Soc. Hort. Sci. **100** (2), 122–129

MASSEY, L. M., B. R. CHASE, M. S. STARR 1982: Effect of rough handling on CO_2-evolution from "Howes" Cranberries. Hort Science **17** (1), 57–58

MATVEEV, L. T. 1976: Kurs obščej meteorologii. Fizika atmosfery. Gidrometeoizdat Leningrad

MAUERSBERGER, P. 1981: Entropie und freie Enthalpie in aquatischen Ökosystemen. Acta hydrophysika **26**, 67

MAYR, R. 1967: Artbegriff und Evolution. Paul Parey Hamburg Berlin

MEYER-EPPLER, W. 1959: Grundlagen und Anwendungen der Informationstheorie. Springer-Verlag Berlin/Göttingen/Heidelberg

MILLER, D. G. 1960: Thermodynamics of irreversible processes. The experimental verification of the Onsager reciprocal relations. Chem. Rev. **60**, 15–37

MILLER, H. I., R. R. WOLFE, J. L. FERGUSON, S. W. MOSS 1978: Metabolic and hemodynamic aspects of the hypothermia of early burn shock. In: GIRARDIER u. a. 1978 l. c.

MITCHELL, P. 1966: Chemiosmotic coupling in oxidative and photosynthetic phosphorylation. Biol. Rev. **41**, 445–502

MLETZKO, I., H. G. MLETZKO 1982: Die Uhr des Lebens. Urania-Verlag Leipzig

MÖBIUS, H.-H., W. DÜRSELEN 1973: Chemische Thermodynamik. Dt. Verlag f. Grundstoffindustrie Leipzig

MOHR, H. 1969: Lehrbuch der Pflanzenphysiologie. Springer-Verlag Berlin etc.

MONOD, J. 1942: Recherches sur la croissance des culture bacterienne. Herman et Cie Paris

MONTEITH, J. L. 1973: Principles of environmental physics. E. Arnold London

MORAWETZ, H. 1965: Macromoleculares in solution. New York
MOROWITZ, H. J. 1978: Foundations of bioenergetics. Academic Press New York
MOSER, A. 1980: Bioprozeßtechnik. Springer-Verlag Wien
MÜLLER, S. 1986: Programmieren mit BASIC. Verlag Technik Berlin
MÜLLER, E., H. PASCHINGER 1970: Action of inhibitors of protein synthesis on active transport. Bioch. Physiol. Pflanz. **161** (5), 476–480
MÜNSTER, A. 1959: Prinzipien der statistischen Mechanik. Handbuch Physik (Hrsg. S. FLÜGGE) Bd. III/2, Springer-Verlag Berlin etc.
MÜNSTER, A. 1969: Chemische Thermodynamik. Akademie-Verlag Berlin
MURRAY, J. D. 1983: Lectures on nonlinear-differential-equation models in biology. (Russ. Übersetz.) MIR Moskau
NEF, J. U. 1979: Die erste Energiekriese und ihre Folgen. In: G. BRUN 1979 l. c., 85
NELLES, A. 1983: Einfluß von Indolylessigsäure und Gibberellinsäure auf passive und energieabhängige Ionentransporte in Maiskoleoptilenzellen. Bioch. Physiol. Pflanz. **178**, 1–9
NELLES, A., E. MÜLLER 1975a: Ioneninduzierte Depolarisation der Zellen von Maiskoleoptilen unter dem Einfluß von Kalzium und β-Indolylessigsäure (IES). Bioch. Physiol. Pflanz. **167**, 253–260
NELLES, A., E. MÜLLER 1975b: Die Wirkung von Kalziumionen auf das Zellpotential von Maiskoleoptilen und ihre Beeinflussung durch Indolylessigsäure (IES). Bioch. Physiol. Pflanz. **167**, 185–187
NETTER, H. 1951: Biologische Physikochemie. Potsdam
NETTER, H. 1959: Theoretische Biochemie. Springer-Verlag Berlin etc.
NEUMANN, E. 1973: Molekulare Hysterese und ihre kybernetische Bedeutung. Angew. Chemie **85** (10), 430–444
NEURATH, H. 1963: The Proteins. New York
NEURATH, H., K. BAILEY 1953: The Proteins IA, IB, IIA, IIB. New York (besonders IB: Beitrag von J. T. EDSALL)
NEURATH, H., K. BAILEY 1953a: The proteins. Bd. IV. New York
NICOLIS, G., I. PRIGOGINE 1977: Selforganization in non-equilibrium systems. Wiley New York
NOZAKI, Y., C. TANFORD 1963: The solubility of amino acids and related compounds in aqueous urea solution. J. biol. Chem. **238**, 4074–4081
NULTSCH, W., E. HOFF 1973: Neuere Untersuchungen zur Musterbildung bei Euglenen. Arch. Potistenk. **115**, 336–352
OBERDORFER, G. 1969: Das internationale Maßsystem und die Kritik seines Aufbaus. Fachbuchverlag Leipzig
OLSON, J. M. 1970: The evolution of photosynthesis. Science **168**, 438–446
ONSAGER, L. 1931: Reciprocal relation in irreversible processes I; II Phys. Rev. **37**, 405–426, **38**, 2265–2279
OPARIN, A. I. ohne Jahr: Die Entstehung des Lebens auf der Erde. Verlag Volk und Wissen Berlin/Leipzig
OSTER, G., A. PERELSON, A. KATCHALSKY 1971: Network thermodynamics. Nature **234**, 393–399
OSTWALD, W. 1931: Gedanken zur Biosphäre. Reprint Teubner Leipzig

PARODI, R. M., E. BIANCHI, A. CIFERRI 1973: Thermodynamics of unfolding of lysozyme in aqueous alcohol solutions. J. biol. chem. **248** (11), 4047–4051

PAUFLER, P. 1981: Phasendiagramme. Akademie-Verlag Berlin

PEISKER, M. 1976: Ein Modell der Sauerstoffabhängigkeit des photosynthetischen CO_2-Gaswechsels von C3-Pflanzen. Kulturpflanze **XXIV**, 221–235

PEISKER, M., P. APEL 1971: Untersuchungen zum Einfluß von Sauerstoff auf den CO_2-Gaswechsel assimilierender Blätter. Bioch. Physiol. Pflanzen **162**, 165

PERRY, K. B., J. D. MARTSOLF, J. M. NORMAN 1977: Radiant output from orchard heaters. J. Amer. Soc. Hort. Sci. **102** (2), 105–107

PERUTZ, M. F. 1966: Proteins and nucleic acids, structure and function. Amsterdam, London, New York

PESCHEK, G. A. 1981: Phylogeny of photosynthesis and the evolution of electron transport: the bioenergetic backbone. Photosynthetica **15** (4), 543–554

PETERS, A. 1982: Prognose für den Biotechnologie-Weltmarkt im Jahre 2000. Biowiss. Information H. 8, S. 31

PIEPER, A., P. PRÄVE 1985: Biotechnik. Deutscher Instituts-Verl. Köln

PISEK, A. 1973: Respiration. In: H. PRECHT u. a. l. c.

POHL, W. 1947: Einführung in die Mechanik, Akustik und Wärmelehre. Springer-Verlag Berlin Göttingen

POHL, W. R. 1958: Optik und Atomphysik. Springer-Verlag Berlin etc.

POLEGAEV, V. I. 1982: Chranenie plodov i ovoščej. Rossel'chozizdat

POSNETTE, A. F., R. CROPLEY, L. D. WOLFSWINKEL 1962: Heat inactivation of some apple and pear viruses. Ann. report 1961 East Malling research st.

PRAT, H. 1969: Calorimetry of higher organisms. In: Biochemical microcalorimetry. Acad. press New York, 181–198

PRÄVE, P. 1982: Handbuch der Biotechnologie. Akadem. Verlagsges. Wiesbaden

PRECHT, H., J. CHRISTOPHERSEN, H. HENSEL, W. LARCHER 1973: Temperature and life. Springer-Verlag Berlin etc.

PRIGOGINE, I. 1962: Non-equilibrium statistical mechanics. Interscience publishers New York London

PRIGOGINE, I., R. DEFAY 1962: Chemische Thermodynamik. Dt. Verl. f. Grundstoffindustrie Leipzig

PRIGOGINE, I., R. LEFEVER, A. GOLDBETTER, M. HERSCHKOWITZ-KAUFMANN 1969: Symmetry breaking instabilities in biological systems. Nature **223**, 913

PRIGOGINE, I., I. STENGERS 1981: Dialog mit der Natur. R. Piper München etc.

RABINOWITSCH, E. 1959: Primary photochemical and photophysical processes in photosynthesis. Discussion Faraday Soc. **27**, 161–172

RAPOPORT, S. M. 1977: Medizinische Biochemie. Verl. Volk u. Gesundheit Berlin

RÄUBER, H. 1970: Biologie. Botanik I. Dt. Landwirtschaftsverlag Berlin

RAUEN, H. M. 1964: Biochemisches Taschenbuch 1 u. 2, Berlin/Göttingen/Heidelberg

RAVEN, P. H. 1970: A multiple origin for plastids and mitochondria. Science **169**, 641–646

RECKNAGEL, A. 1957: Mechanik. Verlag Technik Berlin

RECKNAGEL, A. 1957: Schwingungen und Wellen, Wärmelehre. Verlag Technik Berlin

REIHLEN, H. 1953: Remsens Einleitung in das Studium der Chemie. Verl. Th. Steinkopff Dresden u. Leipzig

REINBOTHE, H. 1975: Einführung in die Biochemie. Gustav Fischer Jena

REINBOTHE, H., G. J. KRAUSS 1982: Entstehung und molekulare Evolution des Lebens. Gustav Fischer Jena

RENGER, G. 1977: Inorganic metabolic gas exchange in biochemistry. Springer-Verlag Berlin/Heidelberg/New York 69, 39–90

RENGER, G. 1982: Photobiophysik. In: Biophysik (W. HOPPE) Springer-Verlag Berlin

RICHTER, G. 1969: Stoffwechselphysiologie der Pflanzen. G. Thieme Stuttgart

RICHTER, H. 1976: The water status in the plant experimental evidence. In: LANGE u. a. l. c., S. 47ff.

RIEDL, R. 1973: Energie, Information und Negentropie in der Biosphäre. Naturwissensch. Rundschau **26** (10), 413–420

ROELS, J. A. 1983: Energetics and kinetics in biotechnology. Elsevier Biomedical Press Oxford

ROHDE, K., J. G. REICH 1980: Theoretical study of an energy metabolizing system satisfying Mitchell's postulates. Acta biol. med. germ. **39**, 367

ROMANOVSKY, J. M., N. V. STEPANOVA, D. S. CHERNAVSKY 1974: Kinetische Modelle in der Biophysik. Gustav Fischer Jena

ROTHE, R. 1954: Höhere Mathematik I. Teubner Leipzig

ROWLINSON, J. S. 1970: Probability, information and entropy. Nature **225**, 1196

RUBIN, A. B., N. F. PUT'EVA, G. YU. RIZNICENKO 1977: Kinetika biologičeskich processov. Moskauer Univ. Moskau

RYCHLY, J. 1978: Mechanismus der Gefriertemperaturerniedrigung durch Antigefrierproteine bei Fischen. Biol. Rdsch. **16** (6), 398–399

SAGROMSKY, H. (Hrsg.) 1967: Plastidenpigmente und ihre Rolle im Photosyntheseprozeß. studia biophysica Bd. 5, Symposium Gatersleben 1967

SARA, M., U. B. SLEYTR 1985: Verwendung isoporer, kristalliner Bakterienzellwandschichten als Ultrafiltrationsmembran. Leb.mittel- u. Biotechn. H. 4, 141ff.

SCHAARSCHMIDT, B., I. LAMPRECHT 1976: Heat production in life processes. In: A. I. ZOTIN 1976 l. c.

SCHALLREUTER, W. 1955: Einführung in die Physik. 2. Bd. W. Knapp Halle

SCHILDMACHER, H. 1982: Einführung in die Ornithologie. Gustav Fischer Jena

SCHLEE, D. 1981: Ökologische Biochemie — Aufgaben und Möglichkeiten zwischen Ökologie und Biochemie. Biol. Rdsch. **19** (4), 189—204

SCHLICHTING, H. 1951: Grenzschichttheorie. Verl. G. Braun Karlsruhe

SCHMID, P., H. HÄCKEL 1977: Eine Klimakammer zur getrennten Frostung von Sprossen und Wurzeln von Obstbäumen. Mitteil. Klosterneuburg Rebe u. Wein, Obstbau, Früchteverwertung Wien **27** (5), 232—235

SCHNAKENBERG, J. 1977: Thermodynamic network analysis of biological systems. Springer-Verlag Berlin/Heidelberg/New York

SCHRÖDINGER, E. 1944: What is life? Univ. press Cambridge

SCHUBEL, A.-L., H.-G. LIPPMANN 1976: Grundriß der Anatomie und Physiologie des Menschen. Verl. Volk u. Gesundheit Berlin.

SCHUBERT, R. (Hrsg.) 1986: Lehrbuch der Ökologie. Gustav Fischer Jena

SCHULTZE, D. 1969: Differentialthermoanalyse. Dt. Verl. d. Wiss. Berlin

SCHWARTZ, L. S. 1963: Principles of coding, filtering and information theory. Spartan books Cleaver-Hume press Baltimore

SEDOV, E. A. 1985: Vzaimosvjaz' energii, informacii i entropii v processach upravlenija i samoorganizacii. In: Informacija i upravlenije. Nauka Moskva 1985, 169—193 (Zitat von L. BRILLOUIN „Wissenschaft und Information" 1960 in russ. enthalten)

SEGAL, J. U. KÖRNER, K. P. LEITERER 1983: Die Entstehung des Lebens aus biophysikalischer Sicht. Gustav Fischer Jena

SESTAK, Z. 1977a: Photosynthetic characteristics during ontogenesis of leaves. 1. Chlorophylls. Photosynthetica **11** (4), 367—448

SESTAK, Z. 1977b: Photosynthetic characteristics during ontogenesis of leaves 2. Photosystems, components of electron transport chain, and photophosphorylation. Photosynthetica **11** (4), 449—474

SESTAK, Z. 1978: Photosynthetic charakteristics during ontogenesis of leaves 3. Carotenoids. Photosynthetica **12** (1), 89—109

SINGER, P. 1986: Nobelpreis für Medizin und Physiologie 1985. Beitrag zur Aufklärung des Cholesterolstoffwechsels. Wiss. u. Fortschr. **36** (1)

SNELL, F. M., S. SHULMAN, R. P. SPENCER, C. MOSS 1968: Biophysikalische Grundlagen von Struktur und Funktion Bd. 1. S. Hirzel Stuttgart

SOLAROVA, J., J. POSPISILOVA 1983: Photosynthetic characteristics during ontogenesis of leaves 8. Stomatal diffuse conductance and stomata reactivity. Photosynthetica **17** (1), 101—151

SOMMERFELD, A. 1955: Mechanik. Akadem. Verlagsges. Leipzig

SOMMERFELD, A. 1962: Thermodynamik und Statistik. Akadem. Verlagsges. Leipzig

SONNTAG, D. 1966—68: Hygrometrie. Akademie-Verlag Berlin

SPATZ, C. 1974: Kinetik schneller Reaktionen. In: W. LASKOWSKI u. a. l. c.

STANHILL, G. 1975: Energy and agriculture: a national case study. In: D. A. DE VRIES u. a. l. c.

STEIN, W. 1960: Zur Entropiebilanz organischer Strukturen. Naturwiss. **47**, 374

STERN, J. R., B. SHAPIRO, E. R. STADTMAN, S. OCHOA 1951: Enzymatic synthesis of citric acid III. Reversibility and mechanism. J. biol. chem. **193**, 703–720

STIERSTADT, K. 1979: Phasenumwandlungen in Physik und Biologie. Sitzungsber. Dresdn. Seminar theoret. Physik Nr. 7 (Hrsg. P. ZIESCHE)

STRASSBURGER, E., F. NOLL, H. SCHENCK, A. F. W. SCHIMPER (Begründer), D. v. DENFFER, F. EHRENDORFER, K. MÄGDEFRAU, H. ZIEGLER (Hrsg. u. Autoren) 1978: Lehrbuch der Botanik. Gustav Fischer Jena

STUGREN, B. 1974: Grundlagen der allgemeinen Ökologie. Gustav Fischer Jena

STURBAUM, B. A., M. L. RIEDESEL 1977: Dissipation of stored body heat by the ornati box turtle Terrapene ornata. Comp. Biochem Physiol. A **58**, 93

SUBAREW, D. N. 1976: Statistische Thermodynamik des Nichtgleichgewichts. Akademie-Verlag Berlin

SUBRAMANIAN, S., D. C. STICKEL, H. F. FISHER 1975: The thermodynamics of complex formation between bovin liver glutamate dehydrogenase and analogs of ADP. J. biol. chem. **250** (15), 5885–5889

SVIRIDOV, A. V., LEUSCHNER 1986: Optimization of taxonomic keys by means of probabilistic modelling. Biom. J. **28** (5), 609–616

TANFORD, C. 1962: Contribution of hydrophobic interactions to the stability of the globular conformation of proteins. J. amer. chem. soc. **84**, 4240

TICHA, I. 1982: Photosynthetic characteristics during ontogenesis of leaves. 7. Stomata density and sizes. Photosynthetica **16** (3), 375–471

TICHA, I., J. CATSKY 1981: Photosynthetic characteristics during ontogenesis of leaves. 4. Carbon fixation pathways, their enzyms and products. Photosynth. **13** (1), 83–106

TIETZE, R. 1975: Beitrag zur Membranfiltration unter besonderer Berücksichtigung der Ultrafiltration. Diss. TU Dresden

TILL, L. 1974: Schmelzen die Polkappen? Wiss. u. Fortschr. **24** (7), 308

TRÄGER, L. 1969: Einführung in die Molekularbiologie. Gustav Fischer Jena

TRÄUBLE, H., H. EIBL, H. SAWADA 1974: Respiration — a critical phenomenon? Lipid phase transition in the lung alveolar surfactant. Naturwiss. **61**, 344

TRINCHER, K. 1977: Die mathematisch-thermodynamische Analyse des Entwicklungsprozesses in der Ontogenese. Biom. J. **19**, 117–131

UNGER, K. (Hrsg.) 1977: Biophysikalische Analyse pflanzlicher Systeme. Gustav Fischer Jena

VALENTINUZZI, M., M. E. VALENTINUZZI 1962: Information content of structures and some possible biological applications. Bull. math. biophys. **24**, 11

VEGIS, A. 1973: Dependence of the growth processes on temperature. In: H. PRECHT u. a. 1973 l. c.

VEIL, L. 1975: Aufbau einer stopped-flow-Temperatursprung-Apparatur und ihre Anwendung auf die Untersuchung biologischer Systeme. Diss. Göttingen

VLADIMIROVA, I. G. 1976: The energetics of regeneration processes. In: A. I. ZOTIN 1976 l. c.

VOGEL, G., H. ANGERMANN 1971: Taschenbuch der Biologie. Gustav Fischer Jena

VRIES, D. A. DE, N. H. AFGAN 1975: Heat and mass transfer in the biosphere. I. Transfer processes in the plant environment. J. Wiley New York etc.

WADE, N. 1979: Die neuen Alchimisten. In: R. BRUN 1979 l. c., 73–81

WAGNER, W. 1968: Chemische Thermodynamik. Akademie-Verlag Berlin

WALTER, H. 1962: Die Vegetation der Erde in ökologischer Betrachtung. Bd. I u. II, Gustav Fischer Jena

WALTER, H. 1976: Die ökologischen Systeme der Kontinente (Biosphäre). G. Fischer Stuttgart/New York

WALTER, L., D. GERBER 1981: Infrarotmeßtechnik. Verlag Technik Berlin

WEBER, E. 1980: Grundriß der biologischen Statistik. Gustav Fischer Jena

WEST, D. W., D. F. GAFF 1976: The effect of leaf water potential, leaf temperature and light intensity on leaf diffusion resistance and the transpiration of leaves of Malus sylvestris. Physiol. Plant. **38**, 98–104

WESTPHAL, W. H. 1956: Physik. Springer-Verlag Berlin etc.

WIESSNER, W. 1975: Bioenergetik der Pflanzen. Gustav Fischer Jena

WILLERS, F. A. 1957: Methoden der praktischen Analysis. W. de Gruyter, Berlin

WOLF, H., D. LERCHE 1980: Biophysik-Praktikum. Gustav Fischer Jena

WORTMANN, M. 1979: Die Zerstörung der Natur durch die Landwirtschaft. In: G. BRUN 1979 l. c., 63–72

ZELJAWSKI, V. 1980: Starenije rastitjel'nogo organisma. Fiziol. rast. **27** (4), 869

ZHABOTINSKY, A. M., A. B. ROVINSKY 1984: Mathematical models of chemical active media. In: KRINSKY, V. I. l. c.

ZIEGLER, H. 1972: Experimentelle Ökologie der Pflanzen. Umschau in Wiss. u. Technik **72** (2), 48–49

ZIESCHE, P. 1968: About a new introduction of entropy in statistical mechanics due to Macke. Sitz.ber. Symp. Inf.theorie 1968 Budapest

ZIMA, J., Z. SESTAK 1979: Photosynthetic characteristics during ontogenesis of leaves. 4. Carbon fixation pathways, their enzymes and products. Photosynthetica **13** (1), 83–106

ZOTIN, A. I. 1974: Termodinamičeskij podchod k problemam razvitija, rosta i starenija. Izd. Nauka Moskau

ZOTIN, A. I. (Hrsg.) 1976: Termodinamika biologicheskich processov. Izd. nauka Moskva (in Engl.: I. LAMPRECHT u. A. I. ZOTIN (Hrsg.): Thermodynamics of biological processes. W. de Gruyter Berlin/N.Y. 1978)

ZOTIN, A. I. 1979: Funkcija svjazannoj dissipacii — raschoschdenije dannych prjamoj i neprjamoj kalorimetrii u schivych organismov. Z. obšč. biol. **XL** (2), 229–237

ZOTIN, A. I. (Hrsg.) 1980: Termodinamika i kinetika biologičeskich processov. Izd. nauka Moskva (in Engl.: I. LAMPRECHT u. A. I. ZOTIN (Hrsg.): Thermodynamics and kinetics of biological processes. W. de Gruyter Berlin/New York 1982)

ZOTIN, A. I. (Hrsg.) 1984: Termodinamika i reguljacija biologičeskich processov. Izd. Nauka Moskva. (In: I. LAMPRECHT u. A. I. ZOTIN (Hrsg.): Thermodynamics and regulation of biological processes. W. de Gruyter Berlin/New York 1985)

ZOTIN, A. I. 1985: Teorija ekosistem i biologičeskaja okeanografija. Vestnik akademii nauk SSSR 1 Moskva 1885

ZOTIN, A. I. 1985a: Thermodynamics and growth of organisms in ecosystems. Canad. bull. fish. aquat. sciences **213**, 27—37

ZOTIN, A. I., D. A. KRIVOLUCKIJ 1982: Skorost' i napravlenije evoljucionogo processa organismov. Z. obšč. biol. XLIII (1), 3—13

ZOTIN, A. I., R. S. ZOTINA, E. A. PROKOF'JEV, V. A. KONOPLJEV 1978: Ispol'zovanije urvnenij rosta dlja opredeljenija maksimal'noj prodolschitel'nosti schizni mljeko-pitajuschich i cheloveka. Izd. AN SSSR Ser. biol. Moskva No. 1, 87—96

ZOTINA, R. S., A. I. ZOTIN 1973: Objedinjennyje uravnenija rosta. Z. obšč. biol. XXXIV (4), 606—616

Sachverzeichnis

ISBN 3-05-500487-6
ISSN 0084-0963

Der Autor

- geht davon aus, daß biologische Strukturen, Funktionen und Prozesse auf jedem Organisationsniveau und in allen örtlichen und zeitlichen Dimensionen nicht ohne die Kenntnis der Thermodynamik verstanden werden können

- vermittelt deshalb eine kurze Einführung in die Grundbegriffe der Thermodynamik

- gibt dann eine Auswahl von Beispielen für die Anwendung der thermodynamischen Gesetzmäßigkeiten auf biologische Phänomene im molekularen, zellularen, organismischen und biozönotischen Bereich

- wendet sich dabei an Vertreter der physikalischen, chemischen, biologischen Wissenschaften und der einschlägigen interdisziplinären Gebiete

WISSENSCHAFTLICHE TASCHENBÜCHER